FRUIT WINE 술

55°

CONTENTS

과일주,
음료처럼 보약처럼 마시는
웰빙 술입니다

적당한 양의 음주는 스트레스 완화, 숙면에 도움을 줄 뿐만 아니라 소화와 신진대사를 원활하게 하고, 사람들과의 관계를 돈독하게 해 줍니다. 잘 마시면 삶의 활력소가 되는 술, 몸에 좋은 재료로 직접 담가 마신다면 더욱 즐겁지 않을까요?

우리나라는 봄, 여름, 가을, 겨울 계절마다 다양한 과일이 자라납니다. 제철 과일로 담그는 술은 과일 고유의 영양 성분을 듬뿍 담은 보약과 같으며, 아름다운 맛과 향, 빛깔이 매력이지요. 집에서 어른들이 제철 과일에 소주를 부어 만든 술을 고이 보관해 두었다가 좋은 일이 있거나 귀한 손님이 오셨을 때 꺼내곤 했던 기억이 있을 겁니다.

깨끗하고 실한 과일을 고르고, 정성을 담아 술을 담근 뒤 숙성되기를 기다렸다가 맑게 거르는 일까지 꽤나 수고스러운 과정을 거쳐야 하지만, 향긋한 과일주 한 모금을 마시는 순간, 그 황홀함은 경험해 본 사람만이 알 것입니다. 좋은 사람들과 정겹게 술 한잔 나누고 싶을 때, 건강에 좋고 선물하기도 좋은 홈메이드 과일주로 마음을 전하는 건 어떨까요?

책 속 레시피는 기본 과일주 레시피와 과일주를 활용해 만들 수 있는 칵테일 레시피를 함께 구성했습니다. 팁에는 과일주나 칵테일을 만드는 과정에서 대체할 수 있는 재료, 제조 과정에서 유의해야 할 사항 등을 꼼꼼하게 표시했습니다.

과일주의 주재료는 각 과일과 소주, 설탕이며, 취향에 따라 각종 향신료와 감미료, 허브, 얼음 등을 곁들여 술의 풍미를 더 끌어올리고, 신맛과 단맛을 보충할 수 있는 재료를 가미해 나만의 과일주를 만들어 보세요.

파트는 과일주를 담그는 데 필요한 재료와 도구를 안내하는 '**베이직 가이드**', 각각의 과일주와 그 활용 칵테일 레시피 그리고 과일주를 더 맛있게 먹는 방법을 제시하는 '**과일주에 반하다**', 과육이 아닌 다른 재료를 사용한 술을 소개하는 '**특별한 술에 끌리다**', 술맛을 돋우어 주는 가니쉬와 선물하기 좋은 술 포장법을 알려주는 '**멋을 담아 마시다**'로 나누었습니다.

01
베이직
가이드

KILNER

ALCOHOL 술

과일주는 여러 가지 과일, 각종 향신료, 설탕 등을 조합해 만드는 술로 재료에 따라 종류가 다양하다. 과일주의 베이스로는 럼, 위스키, 보드카, 담금용 소주 등 다양한 술을 활용할 수 있는데, 과일 자체의 맛과 향기를 잘 우려낼 수 있는 깨끗하고 산뜻한 맛과 향을 가진 술을 선택하는 것이 좋다.

담금용 소주와 보드카는 무색(無色), 무미(無味), 무취(無臭)의 술로, 과일주를 담그거나 칵테일을 만들 때 과일주 본연의 풍미를 잘 살릴 수 있다. 특히, 담금용 소주의 경우 다른 베이스용 술에 비해 저렴하고 쉽게 구할 수 있어 집에서 과일주를 담그기에 가장 무난하다.

과일주를 담글 때 넣는 술의 알코올 농도는 30~35℃가 적당하며, 수분이 많은 과일로 술을 담글 때는 35℃ 이상의 술을 사용하는 것이 좋다. 숙성되는 동안 과일 자체에서 나오는 수분으로 알코올 농도가 낮아져 술이 변질되는 것을 막기 위해서이다. 또한 알코올 농도가 높은 술에 담글수록 과즙과 향이 더 잘 우러나기 때문이기도 하다.

술의 양은 과일의 3배 정도로 잡는 것이 적당하나 과일의 수분이 많을 경우에는 도수가 높은 술을 쓰거나 술의 양을 좀 더 늘리도록 한다. 술에 비해 재료가 너무 많으면 재료와 술맛의 조화를 해치고, 술의 양이 너무 많으면 알코올 도수가 너무 높아져 독한 술맛에 과일의 맛과 향이 가려질 수 있으니 재료에 따라 술을 적정한 비율로 배합하는 것이 중요하다.

SPICE 향신료

산미가 있는 과일주에 시나몬, 바닐라, 팔각, 정향처럼 달콤하고 쌉싸름한 향신료를 더하면 술의 풍미를 더욱 끌어올릴 수 있다. 향신료의 풍부하고 매력적인 향은 자칫 단조로울 수 있는 과일주에 고급스러운 향미를 입혀 준다.

시나몬
Cinnamon

계수나무 껍질을 발효시킨 뒤 속껍질을 분리해 건조시킨 것으로 매콤하면서도 달콤한 향이 나는 것이 특징이다. 사과주나 사과주를 활용한 칵테일에 특히 잘 어울린다. 인·철·비타민B 등의 성분이 들어 있어 생리 불순이나 생리통 완화 등에 효과가 있다.

바닐라
Vanilla

반으로 잘라 씨를 빼낸 바닐라 꼬투리는 발효와 건조를 반복해 향을 내도록 만든다. 바닐라 꼬투리는 부드럽고 달달한 향으로 술의 쓴맛을 감춰 주고, 풍미를 끌어올려 주는 재료로 사용된다. 바닐라향은 식욕을 돋우어 주는 효과가 있어 식전주에 곁들이면 좋다.

정향
Clove

인도네시아 원산으로 향신료 중 유일하게 꽃봉오리를 사용하며 싸하면서도 달콤한 향이 특징이다. 못처럼 생겼다고 해서 정향(丁香)이라고 하는데, 영어명인 클로브(clove)도 못이라는 뜻이다. 1~2개로도 무척 강한 향을 느낄 수 있으며, 방부 및 살균 작용을 한다.

팔각
Star Anise

스타 아니스라고도 부르는 팔각은 별 모양이 뭉그러지지 않고 또렷한 것을 골라야 한다. 별처럼 생긴 여러 갈래로 나누어진 껍질 속에 매끄럽고 윤기 있는 씨앗을 숨기고 있다. 감초향과 비슷한 매콤하면서도 달달한 향으로 술맛을 돋운다. 배뇨를 촉진하고 식욕을 증진하는 효과가 있다.

SWEETENER 감미료

과일에는 원래 당분이 있어 과일주에 따로 감미료를 넣지 않아도 단맛을 느낄 수 있다. 단맛이 적으면 깔끔한 맛이 나지만 달콤하고 부드러운 술을 좋아하는 사람도 있다. 취향에 따라 술을 담그는 과정에서 감미료를 첨가하거나 술을 마실 때 꿀이나 시럽을 적당히 넣어 마시자.

설탕   과일주를 담글 때 설탕을 넣으면 삼투압 작용에 의해 과일 속에 들어 있는 식이섬유, 비타민, 무기질, 효소 등 대부분의 영양소가 잘 우러나는 효과가 있다. 과일주나 칵테일의 베이스로 활용하려면 술을 담갔을 때 과일의 밝고 화사한 색을 살리는 것이 중요하므로 황설탕보다는 백설탕을 쓰는 것이 낫다.

기타 설탕   설탕의 유해성에 대한 우려가 고개를 들면서 단맛은 유지하되 설탕을 대체할 수 있는 감미료가 속속 등장하고 있다. 자일로스 설탕은 설탕 맛은 그대로지만 설탕 분해 효소인 수크라아제 활성을 억제해 몸에 흡수되는 설탕량을 줄인다. 그러나 당이 전혀 흡수되지 않는 것은 아니므로 과하게 섭취하지 않도록 주의한다.

꿀   꿀 속 당분은 설탕과 같은 단당류에 속한다. 하지만 당으로만 구성되어 있는 설탕에 비해 꿀은 당 이외에도 단백질, 비타민B 등 양질의 영양소가 들어 있어 영양적으로 훨씬 우수하다.

시럽   설탕 시럽, 바닐라 시럽, 메이플 시럽, 과일 시럽, 천연색소 시럽 등 술에 활용할 수 있는 시럽의 종류는 매우 다양하다. 설탕 시럽은 백설탕과 물을 1:1의 비율로 넣고 졸여서 만들고, 바닐라 시럽은 설탕 시럽을 만든 뒤 바닐라빈을 넣어 은은한 바닐라향이 스며들도록 하면 된다. 메이플 시럽은 단풍나무 수액을 그대로 받아 오랜 시간 끓여서 만든 것으로 항산화 효과가 있고 미네랄이 풍부한 것으로 알려져 있다.

HERB 허브

허브는 장식적인 효과도 있지만 허브 자체의 향이 과일주 및 칵테일에 시원함과 상쾌함을 더해
주기도 한다. 또한 두통을 완화하며 기억력 향상, 식욕 증진, 진정 효과 등 건강에 도움을 주는
효능이 있어 가니쉬로 즐겨 사용된다.

로즈메리
Rosemary

상큼하고 톡 쏘는 듯한 진한 향기가 특징이다. 과일주에 넣을 경우 살균 소독 효과가
있어 술의 보존성을 높여 준다. 생잎을 깨끗이 씻어 높은 도수의 술에 넣으면 술을 순
하게 해 주는 효과도 있다.

바질
Basil

달콤한 향이 나지만 쌉싸래한 맛이 나는 바질은 식욕을 돋우어 주고, 소화 불량 해소
에 탁월하다. 술에 넣을 때 생허브를 사용해도 되지만 즙을 낸 뒤 시럽이나 꿀에 섞
어 바질 시럽처럼 활용할 수도 있다. 얼음을 가득 채운 잔에 바질 시럽과 토닉워터를
섞으면 향긋한 식전주가 만들어진다.

민트
Mint

시원하고 깨끗한 향의 민트잎은 술맛을 깔끔하게 해 준다. 민트는 소화 기능을 높이
며, 천식과 기침, 근육통에 효과가 있다. 스피아민트, 애플민트 등 기호에 따라 선택
해서 쓰면 되는데, 사과향과 박하향이 섞인 듯한 달콤하면서도 진한 향의 애플민트
는 민트 종류 중 가장 향이 부드러운 편이다.

타임
Thyme

방부 작용과 항균 작용이 뛰어난 타임은 말릴수록 향이 더 진해지고, 장기간 보관할
수 있다. 산뜻한 향으로 두통과 같은 신경성 질환, 빈혈에 좋고, 피부를 맑게 해 주는
효과도 있다.

딜
Dill

위를 건강하게 하고 진정 효과가 있다. 포기 전체에서 나는 독특한 향 때문에 꽃, 잎,
줄기, 씨를 모두 사용할 수 있다. 씨는 소화를 촉진하고, 복부팽만을 완화하는 기능이
있으며 구취 제거와 숙면에 도움을 준다. 새콤한 자몽·오렌지와 잘 어울린다.

BOTTLE 용기 선택

밀봉이 잘 되고, 입구가 넓은 투명한 용기가 좋다. 밀봉이 잘 되어야 알코올 성분이 휘발되지 않고, 향을 오래 유지할 수 있기 때문이다. 또한, 과일과 술을 부었을 때 가득 차는 용기를 선택하는 것이 중요하다. 용기에 빈 공간이 없어야 공기가 들어가 술맛이 변하는 것을 막을 수 있다.

입구가 넓은 용기	돌려서 여는 나사식 뚜껑이나 고무 패킹이 된 뚜껑이 확실하게 밀폐된다. 입구가 넓으면 재료를 쉽게 담을 수 있어 편리하며, 유리 소재의 용기를 사용하면 과일주의 숙성 과정을 관찰할 수 있고, 아름다운 색을 감상할 수 있어 좋다.
입구가 좁고 길쭉한 용기	입구가 좁아 조금씩 따르기 편하므로 술을 숙성시킬 때보다는 거르고 나서 보관하기에 적합하다. 고무나 코르크로 된 뚜껑이 부식되지 않아 편리하다.
클립 뚜껑이 달린 용기	뚜껑에 고무나 실리콘 패킹이 되어 있는 게 산 성분에 강하고 입구가 넓어 보관성이 더 좋은 편이다. 클립형 밀폐 용기는 뚜껑을 열고 닫기 편하지만 고무 패킹이 닳은 경우 완전히 밀폐되지 않으므로 주의한다.
플라스틱 뚜껑 용기	산이 많이 든 술을 담을 용기는 내용물과 접촉해도 부식되지 않는 플라스틱 뚜껑으로 된 제품도 좋다. 특히 트라이탄 소재로 된 밀폐 용기는 환경 호르몬이 검출되지 않아 안심하고 사용할 수 있다.

DISINFECTION 용기 소독

술을 담기 전에 용기를 소독해 혹시나 남아 있을지 모르는 세균과 곰팡이를 제거해야 한다. 가장 일반적이면서 안전한 방법은 열탕 소독이며, 되도록 내열 유리 재질의 용기를 사용하는 것이 안전하다. 용기가 커서 열탕 소독이 어렵다면 알코올 도수 35℃ 이상의 증류주로 닦아내거나 깨끗이 씻은 용기와 뚜껑을 물기가 있는 상태로 전자레인지에 넣어 1분간 데우는 방법도 있다.

열탕 소독
과정은
다음과 같다

1. 커다란 냄비에 유리병을 넣고 잠길 정도로 찬물을 부은 뒤 끓인다.
   유리는 온도 변화에 민감하기 때문에 찬물일 때부터 넣고 끓여야 한다.

2. 물이 끓기 시작하면 약한 불로 낮추고 10분간 끓인다.
   유리병이 완전히 잠기지 않을 때는 용기에 끓는 물이 고루 닿도록
   집게로 굴리거나 뒤엎는다.

3. 소독을 마쳤으면 집게로 병을 꺼낸 뒤 깨끗한 마른 천을 바닥에 깔고
   엎어두어 완전히 건조시킨다.

TOOLS 도구

레시피가 간단한 만큼 집에서 손쉽게 구할 수 있는 도구만 갖추면 된다. 술을 담을 보관 용기와 손질하는 데 필요한 칼, 도마, 필러 그리고 재료의 양을 정확하게 재어줄 계량컵, 술을 거르는 데 필요한 체와 면 보자기를 준비한다.

보관 용기	보관 용기는 밀봉이 확실하고 깨끗하게 소독해서 사용할 수 있는 내열 유리를 사용하는 것이 좋다. 단, 금속제 뚜껑을 사용할 경우 뚜껑과 병 사이를 랩으로 잘 감싸 밀폐력을 높이고 뚜껑에 녹이 슬지 않도록 주의한다.
계량컵	대부분의 계량컵에는 $3/4$, $2/3$, $1/2$, $1/4$로 눈금이 표시되어 있어 가루나 액체를 정확하게 잴 수 있다. 용량을 잴 때는 흔들림이나 기울기가 없는 평평한 곳에서 눈금을 읽어야 한다. 또한, $1/4$컵 이하의 용량을 잴 때는 계량 스푼을 사용하는 것이 낫다.
칼·도마	과일주를 담글 때는 세균이 들어가지 않도록 하는 것이 중요하다. 과일을 자를 때 소독한 칼을 사용하고 도마도 흠집 없이 깨끗한 것을 사용하도록 한다.
필러	필러를 사용하면 과일 껍질을 벗길 때 힘을 많이 들이지 않고 얇게 벗길 수 있다. 사용한 뒤에는 세제를 푼 따뜻한 물에 담가 살살 문질러 가며 씻고 깨끗이 헹군 뒤 잘 건조시켜 보관한다. 칼날이 금속으로 된 필러는 녹이 슬지 않도록 주의해야 한다.
체	술에 담가 유효 성분이 모두 우러난 과일을 거른 뒤에 마셔야 깔끔한 술맛을 즐길 수 있고 보기에도 좋다. 과육이 큼직하고 단단할 경우에는 체를 사용하면 간단히 거를 수 있다.
면 보자기	과일주에 사용된 과일이 무를 경우에는 아무리 체에 걸러도 과육에서 떨어져 나온 부유물이 있어 술이 탁할 수밖에 없다. 이럴 때는 얇은 면 보자기를 사용해 보자. 술을 한꺼번에 붓기보다 부유물을 가라앉힌 뒤 국자를 이용해 조금씩 부어 주면 더 맑게 걸러 낼 수 있다.

02
과일주에
반하다

과일
선택법

레몬

껍질이 얇고 향이 좋으면
서 표면에 광택이 있고,
손에 들었을 때 묵직한
느낌이 드는 것이 좋다.
껍질에서 나는 향이 강하
므로 레몬주를 담글 때
껍질을 약간 넣으면 훨씬
더 향긋한 술을 만들 수
있다.

라임

껍질이 물렁하지 않고 단
단하며 씨가 거의 없는 것
이 좋다. 잘 익은 라임은
껍질이 얇아지고 초록빛
을 띤 노란색이 된다. 상온
에 보관하거나 신문지에
싸서 냉장 보관하고 껍질
을 벗긴 열매는 비닐봉지
에 밀봉해 보관한다.

자몽

새콤 상콤한 맛과 약간 쌉
쌀한 맛이 어우러진 자몽
은 모양이 둥글고 들었을
때 묵직한 것이 좋다. 과
육이 알차게 들어 있을수
록 완전한 원형을 띠며,
눌러도 형태를 그대로 유
지한다. 신문지에 싸서 서
늘한 곳에 보관한다.

오디

꼭지가 신선하고 통통하
며 검은색 과육 부분이
너무 무르지 않는 것을 고
르도록 한다. 수확 후 서
너 시간이면 발효가 시작
돼 쉽게 물러지므로 단시
간 내에 먹는 것이 좋고,
남았을 경우 물기 없이
비닐팩에 보관한다.

포도

알이 꽉 차고 당분이 새어
나온 하얀 분이 많을수록
당도가 높다. 포도송이는
위쪽이 달고, 아래쪽으로
갈수록 신맛이 강하다. 포
도송이가 적거나 낱알이
퍼져 있는 것은 피한다.
신문지에 싸서 실온 또는
냉장 보관한다.

체리

잘 익은 체리는 과육이 크
고 단단하며 과즙이 풍부
하고, 적갈색을 띤다. 씻어
서 생과로 먹을 때는 냉
장 보관하고 냉동실에 두
었다가 살짝 얼려 먹는 것
도 좋다. 수분을 흡수하
는 성질이 있어 물에 닿으
면 흐물흐물해진다.

복숭아

알이 크고 고르며, 상처
가 없고 향기가 진한 것
을 고르는 게 좋다. 천도
복숭아는 복숭아에 비해
껍질이 매끄럽고 색이 다
채로우며, 조직이 단단해
서 저장성이 좋고 신맛이
더 강한 편이다.

살구

잘 익은 살구는 연한 황
색 및 황적색을 띠며, 색
이 고루 퍼져 있고 껍질
에 상처가 없는 것을 고
르도록 한다. 구입한 날로
부터 7일 정도 보관할 수
있고, 냉장 보관하며 먹는
것이 좋다.

과일주는 담금술에 과일을 넣고 숙성시켜서
맛과 향, 색, 성분을 우려내 마시는 술이다.
너무 익었거나 상한 과일은 피하고 벌레 먹은 부분이 있다면
도려낸 뒤에 사용한다.

매실

색이 선명하고 알이 고르며 단단하고 흠이 없는 것이 좋다. 덜 익었을 때는 녹색을 띠다가 익으면 노란색으로 변한다. 털이 촘촘하게 나 있어 흐르는 물에 여러 번 씻어야 한다. 냉장 보관하며 구입한 지 7일 이내에 먹도록 한다.

사과

꼭지가 싱싱한 것을 고르며, 가볍게 두드려 봤을 때 과육이 알차서 탱글탱글한 것이 좋다. 사과의 에틸렌 성분은 다른 과일이나 채소를 빨리 시들게 하므로 반드시 비닐 등에 따로 담아 햇빛이 들지 않는 시원한 곳에 보관해야 한다.

배

우리나라 배는 서양 배에 비해 향기나 과육의 식감이 떨어지지만 시원하고 달콤한 과즙이 풍부하며, 저장성이 좋은 편이다. 껍질이 팽팽하고 묵직하며, 상처가 없는 것을 고르는 게 좋다. 신문지에 싸서 냉장 보관하며 7일 이내에 먹도록 한다.

멜론

그물 무늬가 촘촘하고 선명하며 꼭지가 싱싱할수록 좋다. 바람이 잘 통하는 상온에 3~4일 정도 둔 뒤 냉장고에 반나절 정도 두면 당도가 높아지고, 식감이 좋아진다. 너무 찬 온도에 보관하면 오히려 단맛이 줄어들므로 주의하자.

수박

껍질의 색이 선명하고 맨 밑부분의 배꼽이 작으며, 검은 줄무늬가 뚜렷하게 나타나는 것이 맛있는 수박이다. 또한 잘 익은 수박일수록 과육에 하얀 분이 일어나 있다. 수박의 당분은 저온일수록 맛이 증가하므로 냉장 보관하는 게 좋다.

파인애플

잎이 작고 단단한 것, 껍질의 1/3 정도가 노란색으로 바뀐 것이 좋다. 바람이 잘 통하는 상온에 보관하는 것이 좋으며, 과즙이 아래쪽에 모여 있기 때문에 잎쪽이 바닥을 향하도록 뒤집어 하루쯤 두었다가 먹으면 더욱 달콤하다.

오미자

땀샘 기능을 원활하게 해 주고 더위를 식혀 주며, 비타민이 풍부해 여름철 피로 해소에 탁월하다. 과육이 많고 진이 나오며, 독특한 냄새가 있는 것이 좋다. 또한 흰 가루가 묻어 있지 않은 것을 고르도록 한다.

석류

잘 익은 석류는 들었을 때 묵직한 느낌이 있고 선명한 붉은색을 띨수록 당도가 높으며, 과즙이 풍부하다. 또한, 겉껍질이 단단하고 상처가 없는 것을 고르는 게 좋다. 냉장 보관하며 구입한 지 보름 안에 먹도록 한다.

과일주
담그는 법

과일주를 담그는 기본 과정은
p.79 '천도복숭아주' 담그는 법을
기본으로 했습니다.

과일은
깨끗이 씻어서
물기를 잘 닦는다.

과일을 반으로 자른 뒤 크기에 따라 2~3등분 하고
용기에 손질한 과육을 넣는다.

설탕을 넣어 골고루 섞이도록 흔들어 준 뒤
담금용 소주를 붓는다.

잘 밀봉해 햇빛이 들지 않는
서늘한 곳에 보관한다.

2개월간 숙성시키며,
중간중간 위아래로
뒤집어 준다.

면 보를 깐 체에 밭쳐
술을 거른다.

FRUIT WINE + 1

술
거르기와
보관하기

술이 완성되면 보관 용기의 밀봉을 확실하게 해 공기와 접촉하지 않도록 신경 써야 한다. 술의 알코올이 공기 중에 증발해 도수가 낮아지면 산화되면서 술이 변질되기 쉽다.

또한, 용기 겉면에 라벨을 붙여 술 이름과 담근 날짜 등을 기록하고 건더기를 걸러야 할 날짜를 미리 체크해 두자. 과일주는 과일을 걸러야 할 시기를 놓치면 맛과 향을 해치게 되기 때문이다.

사과, 배, 살구처럼 과육이 단단한 과일은 오래 두어야 과일의 좋은 성분이 충분히 우러나오고, 술이 맑기 때문에 가볍게 체에 거른 뒤에 마시면 된다. 하지만 딸기처럼 과육이 무른 과일은 너무 오랫동안 우려내면 술의 빛깔이 탁해져서 술맛을 해칠 수 있으므로 고운 망이나 면 보에 걸러 맑은 술만 짜내도록 한다. 술을 거르기 전에 냉장고에 하루 정도 두면 온도가 내려가면서 과육에서 떨어져 나온 부유물이 더 빨리 가라앉아 여과하기 쉬운 상태가 된다.

술은 온도 변화에 민감하기 때문에 햇빛이 닿지 않고 바람이 잘 통하는 곳에 두어야 한다. 집에서 보관하기에는 다용도실이 적당하며, 겨울에는 얼지 않도록 신문지에 말아 두자. 과일주를 보관하기에 가장 좋은 온도는 15~20℃ 정도이며, 일정한 온도를 유지하는 것이 중요하다. 레시피에는 최소 숙성 기간이 나와 있으나 과일주는 숙성된 다음에는 시간이 지남에 따라 맛이 점점 더 깊어지므로 최상의 맛과 향을 지닌 술을 얻으려면 6개월에서 1년 이상 두는 것이 좋다.

맛있는
과일주를
담그는
비결

과일을 깨끗이 씻어 물기를 완전히 말린 뒤에 술을 담가야 방부 효과를 얻을 수 있고, 과육이 쉽게 무르지 않는다. 껍질째 술을 담그는 과일은 더욱 꼼꼼히 씻도록 한다. 특히 감귤류는 표면이 매끄럽고 윤기나 보이도록 광택 처리를 하므로, 굵은소금이나 베이킹 소다로 껍질을 문질러 이물질을 벗겨낸 다음 뜨거운 물로 세척해야 한다.

신맛이 덜한 과일로 술을 담글 때 신맛이 강한 과일을 조금 넣어 주면 단맛과 어우러져 술맛이 더욱 좋아지고, 변질이나 부패를 막을 수 있다. 매실, 살구, 레몬, 귤, 유자 등은 신맛이 강해 술맛을 산뜻하게 해 주며, 장기간 보관해도 잘 변질되지 않도록 해 준다.

단단한 과일은 침출되는 속도가 느리기 때문에 적당한 크기로 잘라 넣는 것이 좋은데, 자르지 않고 그대로 사용할 경우 이쑤시개로 군데군데 구멍을 내면 과즙이 빨리 나와 숙성 기간을 줄일 수 있다.

오렌지, 귤, 레몬 같은 과일은 풍부한 향과 약간의 쌉싸래한 맛을 살리기 위해 껍질을 적당량 사용하기도 한다. 과일 껍질을 사용할 때 너무 많은 양을 넣으면 쓴맛이 강하게 우러나와 술맛을 해치게 되므로 적당량을 넣는 것이 중요하다. 껍질은 재료를 4등분 했을 때 약 $1/4$ 정도만 사용하고 1주일 이내에 꺼내는 것이 좋다.

숙성 기간을 줄이려면 과일을 최대한 얇게 썰어 과즙이 잘 나오도록 한다. 또한, 과일주를 담근 뒤 설탕이 녹으면서 과일이 떠오르기 시작할 때 병을 위아래로 뒤집어주면 과즙이 더 빨리 우러난다.

레몬주

새콤 상큼한 맛과 향으로 기분까지 상쾌하게 해 주는 레몬주.
레몬은 비타민C가 풍부해 감기 예방 및 피부 미용에 좋으며, 레몬에 함유된 리모넨이라는 성분이
몸에 쌓인 피로를 푸는 데 도움을 준다.

재료

레몬 8~10개
소금 또는
베이킹 소다 약간
담금용 소주 1.8ℓ

01 레몬을 소금 또는 베이킹 소다로 문질러 깨끗이 씻는다.

02 물기를 제거한 레몬을 두껍게 썬다.

03 밀폐 용기에 레몬을 담고, 담금용 소주를 부어서 밀봉한다.

04 1~2주일 동안 숙성시킨 뒤 과육을 걸러내고 냉장 보관한다.

+TIP

+ 마시기 직전에 취향에 따라 꿀이나 시럽을 첨가하고, 민트잎을 조금 띄우면 풍미가 더욱 살아난다.

+ 숙성한 지 2주 후부터는 쓴맛이 우러나올 수 있어 1주일 정도 지났을 때 과육을 거르는 것이 좋고,
  원하는 농도가 우러날 때까지 과육을 두되, 최대 2주일을 넘지 않도록 한다.

허니 **레몬주** 에이드

에이드는 원래 과즙을 물에 희석시킨 것을 말하는데, 레몬주를 활용하면 레몬의 진한 향미를 느낄 수 있다.
꿀이 들어가 부드럽게 넘어가고 새콤달콤하면서도 신선한 느낌이 살아 있는 칵테일이다.
간단한 재료만으로도 멋스러워 홈파티의 웰컴 드링크로 활용하기 좋다.

재료(6잔 기준)
레몬주 250㎖
설탕 ½컵
꿀 ½컵
물 ½컵
탄산수 1ℓ
로즈메리 약간
얼음 적당량

01 피처에 물과 설탕을 넣고 골고루 저어 설탕을 녹인 다음
   레몬주, 꿀을 넣고 잘 저어 준다.

02 01에 얼음을 채운 뒤 탄산수를 부어 준다.

03 골고루 잘 섞은 뒤 각 잔에 나누어 담고 레몬 웨지, 로즈메리로 장식한다.

+TIP

+ 꿀은 기호에 맞게 가감한다.

+ 탄산수 대신 뜨거운 물을 동량 부어 따뜻한 음료로도 즐길 수 있다.

+ 레몬은 껍질에서 나는 향이 좋으므로 레몬 껍질을 가니쉬로 활용하면 훨씬 더 맛있는 에이드를
  만들 수 있다. 필러나 제스터로 껍질을 얇게 벗겨낸 뒤 음료에 같이 넣어 보자.

자몽주

자몽 특유의 쌉쌀한 쓴맛이 알코올 향을 잡아주고, 자몽 과즙이 녹아들어 상큼한 맛이 매력적인 술이다.
자몽은 비타민C와 구연산이 풍부해 피부 미용과 피로 해소에 좋으며,
자몽의 펙틴 성분이 체내 콜레스테롤 수치를 낮춰 다이어트에 좋다.

재료

자몽 2~3개
설탕 100~150g
소금 또는
베이킹 소다 약간
담금용 소주 1ℓ

01 자몽을 소금 또는 베이킹 소다로 문질러 깨끗이 씻은 후 물기를 닦는다.

02 자몽을 편으로 썰고, 밀폐 용기에 설탕과 켜켜이 담은 뒤
뚜껑을 달아 설탕이 녹도록 하루 정도 둔다.

03 02에 담금용 소주를 부어 밀봉한 뒤 서늘한 곳에 두고,
중간중간 위아래로 뒤집어 가며 발효시킨다.

04 갓 담근 자몽주는 1~2주 정도 숙성시킨 뒤 과육을 걸러내고
보관 용기에 부어 냉장고에서 한 달 정도 숙성시켜 먹는다.

+TIP

+ 설탕은 기호에 따라 가감한다.

+ 숙성한 지 2주 후부터는 쓴맛이 우러나올 수 있어 1주일 정도 지났을 때 과육을 거르는 것이 좋고,
원하는 농도가 우러날 때까지 과육을 두되, 최대 2주일을 넘지 않도록 한다.

자몽 팔로마

칵테일 잔 테두리에 설탕 또는 소금을 발라 눈송이처럼 연출하는 '스노우 스타일snow style'의 여름 칵테일로
자몽 주스의 신맛과 약간의 짠맛이 오묘한 조화를 이룬다. 원래는 데킬라를 베이스로 사용하지만
여기서는 자몽주를 활용했다.

재료(1잔 기준)
자몽주 60㎖
자몽 주스 60㎖
라임즙 1큰술
소금 1큰술
소다수 60㎖
꿀 2작은술
얼음 1컵
자몽 슬라이스 적당량

01 칵테일 잔 주둥이에 둘러가며 자몽 슬라이스로 즙을 바른 뒤 소금을 묻힌다.

02 컵에 얼음을 채운 뒤 자몽주, 자몽 주스, 꿀을 넣고 골고루 섞는다.

03 라임즙과 소다수를 차례로 부어 준다.

04 자몽 슬라이스로 장식한다.

+TIP

+ 자몽 주스 대신 자몽 과즙을 내어 사용해도 된다.
+ 꿀 대신 아가베 시럽을 동량 넣어도 좋다.

라임주

입에 착 달라붙는 듯한 새콤달콤한 맛이 살아 있는 라임주는
싱그러우면서도 깔끔한 뒷맛을 느낄 수 있다.
라임은 강력한 항산화 작용으로 피부 노화를 방지하고, 식이섬유가 풍부해 변비 예방에도 좋다.

재료
라임 8~10개
소금 또는
베이킹 소다 약간
담금용 소주 1ℓ

01 라임을 소금 또는 베이킹 소다로 문질러 깨끗이 씻은 후 물기를 닦는다.

02 라임을 편으로 썰어 밀폐 용기에 담는다.

03 담금용 소주를 부어 밀봉한 뒤 서늘한 곳에 두고,
중간중간 위아래로 뒤집어 가며 발효시킨다.

04 1~2주일 동안 숙성시킨 뒤 과육을 걸러내고 냉장 보관한다.

+TIP

+ 라임주는 그 자체로도 맛있는 과일주지만, 산미가 좋아 신맛이 부족한 술에 블렌딩하면
술의 풍미를 끌어올려 준다.

+ 달고 진한 맛의 라임주를 만들고 싶다면 **02**의 과정에서 라임 무게와 동량의 설탕을 넣으면 된다.

+ 숙성한 지 2주 후부터는 쓴맛이 우러나올 수 있어 1주일 정도 지났을 때 과육을 거르는 것이 좋고
원하는 농도가 우러날 때까지 과육을 두되, 최대 2주일을 넘지 않도록 한다.

라임 망고 쿨러

쿨러cooler란 술, 설탕, 레몬 또는 라임 주스를 넣고 소다수를 채운 음료를 말하는데,
여기서는 망고 주스를 추가해 달콤한 맛을 좀 더 가미했다.
라임향이나 망고향보다 민트향이 좀 더 강해 싱그러움이 느껴지는 칵테일이다.

재료(1잔 기준)
라임주 45㎖
라임즙 30㎖
설탕 1작은술
민트 5장
망고 주스 45㎖
소다수 적당량
얼음 적당량

01 믹서에 라임주, 라임즙, 민트잎, 설탕을 넣고 잘 갈아 준다.

02 얼음을 채운 컵에 **01**을 걸러 넣고 망고 주스를 붓는다.

03 **02**의 컵에 소다수를 채운 뒤, 민트 또는 라임으로 장식한다.

+TIP

+ 라임즙 대신 레몬즙이나 자몽즙, 라임 주스를 넣어도 된다.
+ 민트의 싱그러운 초록빛과 망고 주스의 화사한 노란색이 잘 섞이도록 저어준다.

더
맛있게
마시는 법

레몬주

신맛이 강한 레몬주는 스트레이트(소주 한 잔 분량, 약 30㎖)로 마시기에는 부담스럽지만 하이볼 잔에 얼음을 가득 채우고 탄산음료를 부어 마시거나 달콤하지만 신맛이 부족한 과일주와 블렌딩해서 마시면 더 맛있다. 단맛을 좋아한다면 꿀이나 시럽을 가미해 먹어도 좋다. 식사 후 뜨거운 물에 레몬주를 조금 붓고, 꿀을 타서 마시면 좋은 디저트 칵테일로 손색없고, 소화에도 도움이 된다.

좀 더 시원하게 즐기고 싶을 때는 그라니타(Granita)를 만들어 보자. 그라니타는 과일, 설탕, 와인 등의 혼합물을 얼려 셔벗처럼 만든 이탈리아식 디저트로 고운 얼음이 사각사각 씹히는 얼음과자다. 레몬주에 꿀이나 시럽을 섞어 사각 용기에 부은 뒤 냉동실에 넣는다. 2시간 정도 얼린 뒤 꺼내 포크나 수저로 긁어내는 과정을 두세 번 반복해 고운 얼음 입자가 만들어지면 스쿱으로 떠서 유리 볼에 담아낸다.

자몽주

설탕이나 시럽은 자몽주의 쌉쌀한 맛을 부드럽게 해 줄 뿐만 아니라 영양적으로도 균형이 맞다. 자몽에 들어 있는 나린제린이라는 성분은 간에서 지방이 연소되도록 돕는 기능을 하는데, 설탕과 함께 섭취할 때 그 섭취율이 최대 11배 정도 증가한다. 또한, 지방이 많은 음식을 먹었거나 식사를 마친 뒤에 설탕이나 시럽을 가미한 자몽주를 마시면 유해한 콜레스테롤의 생성을 42%나 낮출 수 있다. 자몽주에 탄산수와 시럽 또는 꿀을 섞어 에이드를 만들어 마시면 갈증을 해소하는 데도 그만이다.

라임주

라임은 칵테일의 산미를 잡아 주는 재료로 두루 쓰이는데, 라임이 들어가는 술 중 가장 유명한 것으로 모히또를 꼽을 수 있다. 모히또는 헤밍웨이가 쿠바에서 즐겨 마시던 칵테일로 유명하다. 원래 레시피에는 럼을 베이스로 쓰지만 라임주를 활용해 상쾌한 민트향이 실핀 모히또를 만들어 보자. 유리잔에 라임즙과 민트잎, 설탕을 넣어 으깬 뒤 라임주를 약간 넣고, 탄산수와 얼음을 채워 완성한다.

산딸기주

산딸기는 비타민C와 식이섬유가 풍부해 항산화 효과가 탁월하며, 혈당 조절에 도움을 준다.
또한, 사과산과 구연산 등의 유기산을 많이 함유하고 있어 새콤달콤한 맛이 난다.
산딸기주는 빛깔이 곱고 향긋해 식전주로 마시기 좋다.

재료

산딸기 1kg
설탕 500g
담금용 소주 1.8ℓ

01 산딸기는 깨끗이 씻어 물기를 말린다.

02 산딸기와 설탕을 밀폐 용기에 켜켜이 부어 담는다.

03 하루 정도 뒤에 **02**의 설탕이 녹은 상태에서 담금용 소주를 붓는다.

04 **03**을 3개월간 숙성시킨 뒤 산딸기를 거른다.

+TIP

+ 설탕은 기호에 따라 가감한다.

+ 산딸기는 과실이 크고 단단하며 무르지 않는 것이 좋다.

+ 산딸기는 30초 이상 물에 담가 두면 비타민C가 물에 녹아 빠지므로 흐르는 물에 빨리 씻도록 한다.

산딸기 로제 칵테일

산딸기주의 달콤하고 상큼한 풍미가 입안 가득 퍼지며 싱그러운 민트향과 조화를 이루고,
잔잔하게 올라오는 기포가 청량감을 더해 준다. 신맛과 단맛이 적당해 식전주 및 파티 칵테일 메뉴로 훌륭하다.

재료(1잔 기준)
산딸기주 15㎖
스파클링 로제와인 50㎖
라즈베리 적당량
민트 적당량
얼음 적당량

01 산딸기주를 잔에 담은 뒤 얼음을 채운다.

02 01에 스파클링 와인을 붓고, 라즈베리와 민트잎을 얹어 장식한다.

+TIP

+ 진한 산딸기향을 느끼고 싶다면 술을 붓기 전에 라즈베리를 넣고 포크로 으깨 준다.
+ 단맛을 원한다면 시럽을 더해도 좋다.

오디주

술을 담글 오디는 완전히 익은 것보다는 약간 덜 익은 것을 고르는 게 좋다.
덜 익은 열매는 완숙된 열매보다 빛깔이 곱고, 신맛이 덜해 달콤한 맛을 느낄 수 있다.
달콤한 오디주는 술을 잘 못 마시는 사람이나 여성들도 부담 없이 마실 수 있다.

재료

오디 1kg
설탕 150g
담금용 소주 1.8ℓ

01 오디를 깨끗이 씻어 물기를 말린다.

02 밀폐 용기에 오디와 설탕을 켜켜이 부어 담는다.

03 하루 정도 뒤에 설탕이 녹은 상태에서 담금용 소주를 붓는다.

04 3개월간 숙성시킨 뒤 오디를 거른다.

+TIP

+ 오디주는 신맛이 부족한데 좀 더 새콤한 맛을 가미하고 싶다면 술을 담글 때
  레몬을 편으로 썰어 함께 넣어도 된다.

오디주 메이플 소다

레몬즙을 넣어 오디주에 산미를 더해 주고, 메이플 시럽을 첨가해 부드러운 단맛을 가미했다.
여기에 소다수의 청량감을 더하면 상큼하면서도 부드러운 맛의 오디주 칵테일이 완성된다.

재료(1잔 기준)
오디주 30㎖
오디 ½컵
메이플 시럽 30㎖
(또는 아가베 시럽)
레몬즙 45㎖
소다수 적당량

01 유리잔에 오디주, 오디, 시럽, 레몬즙을 넣고 충분히 으깬다.

02 01의 즙을 걸러낸다. 씹히는 질감이 좋다면 그대로 사용해도 된다.

03 컵에 담고 얼음과 소다수를 채워 시원하게 즐긴다.

+TIP

+ 소다수 대신 진저에일을 넣어도 맛있다.

블루베리 오렌지주

블루베리의 열매와 잎에 있는 진액에는 눈 건강과 시력 보호, 노화 방지, 성인병 예방에 좋은 성분이
풍부하게 함유되어 있다. 자줏빛 빛깔에 새콤한 블루베리향, 상큼한 오렌지향이 어우러진
오묘한 맛이 매력적이다.

재료
블루베리 4컵
담금용 소주 1ℓ
오렌지 스트립 3~5개

01 블루베리는 깨끗이 씻어 물기를 말린다.

02 오렌지를 깨끗이 씻은 뒤 필러로 껍질을 얇게 벗긴다.
이때 하얀 속껍질이 함께 벗겨지지 않도록 한다.

03 블루베리와 **02**의 오렌지 껍질을 밀폐 용기에 담는다.

04 **03**에 담금용 소주를 붓고, 밀봉하여 서늘한 곳에서 숙성시킨다.

05 3개월 후 블루베리와 오렌지 껍질을 걸러내고, 술만 병에 담아 냉장 보관한다.

+TIP

+ 단맛과 부드러운 맛을 원한다면 담금용 소주를 붓기 전에 설탕을 첨가해도 좋다.

블루베리 오렌지주 소다

블루베리주의 새콤한 맛, 오렌지의 상큼한 향이 코끝을 감돌고,
부드러우면서도 청량감 있는 맛이 잘 어우러진 칵테일이다.
블루베리 주스의 양을 좀 더 넣으면 칵테일 빛깔이 핑크에서 자줏빛으로 진해진다.

재료(4잔 기준)
블루베리 오렌지주 1컵
블루베리 주스 1컵
오렌지 1개
블루베리 1컵
레몬 소다 1컵
얼음 적당량

01 피처에 블루베리 오렌지주와 블루베리 주스를 담는다.

02 01의 피처에 얇게 자른 오렌지와 블루베리를 넣은 뒤 냉장 보관한다.

03 먹기 직전에 얼음과 레몬 소다를 채워 잘 섞는다.

+TIP

+ 민트나 다른 허브로 장식해도 좋다.
+ 달콤한 맛이 강해 디저트 칵테일로 추천한다.

블루베리 모히또 팝시클

럼과 라임즙을 섞은 베이스에 수제 민트 시럽을 가미해 상큼한 풍미가 느껴지는
블루베리 모히또를 시원한 아이스바로 즐겨 보자. 럼 대신 레몬에이드를 넣으면 어린이들도 맛있게 먹을 수 있다.

재료(10개 기준)
럼 6큰술
라임즙 $3/4$컵
블루베리 적당량

민트 시럽 재료
설탕 $1/2$컵
물 $1/2$컵
민트 5~6줄기

01 냄비에 물과 설탕, 민트잎을 넣고 설탕이 녹을 때까지 끓인 뒤, 상온에서 식힌다.

02 볼에 **01**의 시럽을 거른 뒤 라임즙과 럼을 섞는다.

03 아이스크림 몰드에 $3/4$ 정도 높이로 **02**의 내용물을 따른 뒤
민트와 블루베리를 조금씩 나눠 넣는다.

04 **03**에 막대를 꽂아 냉동실에서 5~6시간 정도 얼린다.

+TIP

+ 블루베리 모히또 팝시클 외에도 책에 나온 다양한 칵테일을 활용해 팝시클을 만들 수 있다.
기호에 맞게 시럽이나 꿀을 가미해 얼리면 된다.

+ 차가운 온도에서는 단맛과 새콤한 맛이 덜 느껴지기 때문에 음료로 마실 때보다
당도나 산미를 좀 더 높게 잡는 것이 좋다.

오이 로즈메리주

싱그러운 오이 과즙이 알코올의 쓴맛을 누그러뜨리며,
로즈메리 향이 입안을 개운하게 해 준다.
투명한 잔에 담긴 깨끗하고 청아한 이미지와 산뜻한 맛의 조화가 매력적인 술이다.

재료
큰 오이 1개
담금용 소주 1ℓ
로즈메리 1~2줄기

01 오이는 깨끗이 씻어 물기를 제거하고, 얇게 썬 뒤 로즈메리와 함께
밀폐 용기에 넣는다.

02 01에 담금용 소주를 부은 다음, 밀폐시킨 상태로 3~4일간 숙성한다.

03 02의 오이를 걸러낸 다음 오이 로즈메리주를 병에 담아 냉장 보관한다.

+TIP

+ 신선한 오이는 녹색이 짙고 표면에 돌기가 있으며 굵기가 고르다.
  또한 꼭지의 단면이 싱싱한 것을 골라야 한다.

+ 오이 꼭지 부분은 쓴맛이 있기 때문에 손질할 때 제거하는 것이 좋다.

+ 오이주는 시간이 지나면 맛이 떨어지므로 1달 안에 다 먹도록 한다.

+ 기호에 따라 로즈메리를 바질이나 딜 등 다른 허브로 대체하거나 생략해도 좋다.

오이 로즈메리주 민트 쿨러

스무디처럼 보이는 이 칵테일은 오이, 민트, 라임의 클래식한 궁합으로 더운 여름에 시원함을 선사할 것이다.
오이 로즈메리주의 깔끔한 맛과 싱그러운 라임향이 잘 어우러진다.

재료(1잔 기준)

오이주 80㎖

오이 ½컵

민트 1줄기

라임 또는 레몬즙 30㎖

소다수 적당량

얼음 적당량

장식용 민트 적당량

오이 슬라이스 적당량

01 블렌더에 오이주, 오이, 민트잎, 라임(또는 레몬)즙을 갈아 준다.

02 차가운 컵에 얼음을 가득 채운 다음, 01을 따르고 소다수로 채운다.

03 민트잎과 오이 슬라이스로 장식한다.

+ TIP

+ 재료를 갈아서 만드는 칵테일이므로 마시기 직전에 만들어 침전되기 전에 바로 마신다.

+ 취향에 따라 꿀이나 시럽을 가미한다.

더
맛있게
마시는 법

산딸기주

향이 좋은 술이므로 시럽이나 꿀을 넣어 달콤하게 마시면 더 맛있다. 차갑게 마시면 알코올 향이 강하지 않으면서 산딸기향이 은은하게 느껴진다. 얼음을 채운 잔에 산딸기주를 넣고, 탄산수를 부어 에이드로 마셔도 좋다.

오디주

베리류에 속하는 과일로 산딸기맛과 비슷하면서도 포도맛이 난다. 얼음을 넣거나 소다수를 넣어 마실 수도 있지만, 향을 제대로 즐기려면 실온 그대로의 술을 입구가 넓은 잔에 조

금 따라서 최대한 향을 음미한 다음 맛보는 것이 좋다.

블루베리 오렌지주
숙성되면 포도주와 비슷하지만 신맛이 더 강한 편이다. 술을 담을 때 오렌지 껍질(오렌지 제스트)을 같이 넣으면 블루베리의 새콤달콤한 맛과 오렌지의 부드러운 향이 어우러져 오묘한 맛이 난다. 다른 술과 섞어 마시는 것보다는 술 자체의 맛을 음미하는 것이 낫다. 소다수와 섞은 뒤 블루베리 생과를 으깨 넣어 마셔도 좋다.

오이 로즈메리주
오이와 로즈메리향이 상큼한 술로 특히 여름철 더위를 식히기에 좋다. 먹기 직전에 오이를 얇게 어슷썰기 해 얼음과 함께 곁들여 보자. 아삭한 오이의 식감이 술맛을 더욱 산뜻하게 해 줄 것이다. 취향에 따라 레몬즙이나 라임즙을 살짝 뿌려 마시면 더욱 신선한 향미를 느낄 수 있다.

포도주

포도는 식욕을 돋우고 혈액 순환을 좋게 하며, 몸을 따뜻하게 하는 효능이 있다.
집에서 직접 담근 포도주는 와인에 비해 알코올이 강하지만, 포도 특유의 향기가 훨씬 진해 더 깊은 맛이 난다.
숙성될수록 감미로운 맛이 배가 되는 술이다.

재료

포도 1.5kg
설탕 80g
담금용 소주 1.8ℓ

01 포도알은 깨끗이 씻어 물기를 제거한 뒤 밀폐 용기에 넣는다.

02 01에 설탕과 담금용 소주를 부어 밀봉한다.

03 02를 3개월 정도 서늘한 곳에 보관한 뒤 과실을 건져내고 여과시킨다.

+TIP

+ 여름철에 흔한 캠벨보다 초가을에 나는 머루 포도로 만들면 풍미가 훨씬 좋다.

+ 여과시킨 술을 바로 먹기보다 1개월 정도 더 숙성시켜서 마시면 맛과 향이 훨씬 풍부해진다.

포도 크러쉬 쿨러

'쿨러cooler'는 술, 설탕, 레몬(또는 라임) 주스를 넣고 소다수로 채운 칵테일 음료를 말하는데,
여기서는 레몬 주스 대신 생포도를 으깨 산미를 주고, 잔잔하게 올라오는 기포로 상쾌함을 더했다.

재료(1잔 기준)
포도주 45㎖
소다수 75㎖
포도 약간
민트 약간
얼음 적당량

01   포도 몇 알과 민트잎 4~5장 정도를 컵에 담고 포도와 민트를 으깬다.

02   01의 컵에 얼음을 반 정도 채운 뒤 포도주와 소다수를 붓는다.

03   허브와 포도로 장식해 낸다.

+TIP

+ 컨디션에 따라 포도주나 소다수의 비율을 늘리거나 줄여 알코올 도수를 조절할 수 있다.

천도복숭아주

은은한 향기가 매력적인 천도복숭아는 암 예방 효과가 있다고 알려진 베타카로틴이 풍부하며,
다른 과일보다 비타민A가 10배나 많아 항산화 효과를 톡톡히 볼 수 있다.
또한, 몸을 따뜻하게 해 주고 소화를 도와주며, 피로 해소 효과도 있다.

재료

천도복숭아 450g
설탕 600g
담금용 소주 1.8ℓ

01 천도복숭아는 깨끗이 씻은 다음 물기를 제거한다.

02 천도복숭아를 반으로 자른 뒤 크기에 따라 2~3등분 해 밀폐 용기에 넣는다.

03 02에 설탕을 넣어 골고루 섞이도록 흔들어 준 뒤 담금용 소주를 붓고 밀봉한다.

04 서늘한 곳에 두고 중간중간 위아래로 뒤집어 가며 숙성시킨다.

05 2개월간 숙성시킨 뒤 건더기를 걸러내고 마신다.

+TIP

+ 과육이 단단하고 빛깔이 선명한 천도복숭아를 골라 술을 담가야 숙성된 뒤에 맛과 향이 좋고,
  술이 탁해지지 않는다.

천도복숭아 메이플 로즈메리 칵테일

여름이면 맛볼 수 있는 새콤달콤한 풍미의 천도복숭아에 로즈메리향을 더한 칵테일은
여름밤을 더욱 풍성하게 만들 것이다.
적당한 신맛과 단맛이 조화를 이뤄 부담 없이 마실 수 있다.

재료(1잔 기준)
천도복숭아주 30㎖
천도복숭아 1개
메이플시럽 또는 꿀 1큰술
레몬즙 1큰술
얼음 적당량
로즈메리 2줄기

01 천도복숭아는 껍질을 제거하고 잘게 자른다.

02 01과 메이플 시럽, 레몬즙, 천도복숭아주를 함께 믹서에 넣고 간다.

03 컵에 얼음을 담고, **02**를 붓는다.

04 로즈메리와 천도복숭아 슬라이스로 장식한다.

+TIP

+ 청량감을 더하고 싶다면 소다수를 넣어도 좋다.

살구주

술을 담그기 위한 살구는 완전히 익어 물렁물렁한 것보다는 익기 직전에 과육이 단단한 것이 좋다.
과육이 단단할수록 맛과 영양이 더 풍부하기 때문이다. 살구는 배타카로틴이 풍부해
노화 방지에 탁월한 효과가 있고, 피로 해소에도 그만이다.

재료

살구 300g
설탕 80g
담금용 소주 1ℓ

01 단단한 살구를 깨끗이 씻어 말린 뒤 꼭지는 떼어낸다.

02 살구를 병에 담고 설탕을 골고루 부어준 뒤 담금용 소주를 붓는다.

03 **02**를 잘 밀봉한 뒤 서늘한 곳에서 숙성시킨다.

04 숙성 상태에 따라 4~6개월 뒤 열매를 걸러내고,
　　술만 보관 용기에 담아 냉장 보관한다.

+TIP

+ 담금용 소주를 붓기 전에 설탕이 녹아 살구액이 나오도록 5~6일 정도 재워 두었다가 소주를 부으면
숙성 기간을 앞당길 수 있다.

살구주 스매쉬

새콤달콤한 살구주의 맛과 향에 레몬즙을 더해 상큼함을 극대화하고,
잘게 부순 얼음을 잔뜩 올려 입안 가득 시원함을 느낄 수 있다.

재료(1잔 기준)
살구주 60㎖
살구 간 것 30㎖
레몬즙 1+$\frac{1}{2}$작은술
시럽 적당량
얼음 적당량

01 칵테일 셰이커에 얼음을 제외한 모든 재료를 넣고 세차게 흔들어 준다.

02 잔에 01을 걸러 넣고, 잘게 부순 얼음을 채운 뒤 잘 섞어 마신다.

+TIP

+ 그대로 마시거나 민트, 살구 슬라이스로 장식해도 좋다.
+ 기호에 맞게 시럽을 가감해 먹는다.

더
맛있게
마시는 법

포도주

우리가 흔히 먹는 와인은 포도를 으깬 뒤 효모를 넣어 발
효 과정을 통해 만들고 각종 감미료와 향을 첨가한 것으
로, 맛과 향이 오묘하고 부드럽다. 이에 비해 집에서 증
류주를 부어 직접 담근 포도주는 포도 자체의 맛과 향을
그대로 담고 있고, 알코올 도수가 높은 편이기 때문에 와
인보다는 조금 더 거친 느낌이지만 깔끔한 맛이 매력적
이다. 알코올의 강한 향이 거북하다면 얼음을 넣어서 차
갑게 마셔 보자. 얼음이 녹으면서 맛과 향이 훨씬 부드
러워진다. 더운 여름에는 포도주에 여러 가지 과일을 섞

어 시원한 상그리아를 만들어 마실 수 있고, 추운 겨울에는 와인을 끓여서 만드는 뱅쇼(Vin Chaud)처럼 따뜻한 음료로 즐겨도 좋다.

천도복숭아주

천도복숭아는 복숭아보다 크기가 작고 당도가 낮으며, 새콤한 맛이 강한 편이다. 꿀이나 시럽, 올리고당 등의 감미료를 곁들여 그대로 마셔도 좋고, 탄산수나 레몬에이드 등 다른 음료와 섞거나 바질, 민트 같은 시원한 향이 나는 허브를 첨가해서 마셔도 좋다. 더위에 지쳐 피로해지기 쉬운 여름날, 시원한 천도복숭아주 에이드로 에너지를 충전해 보자.

살구주

숙성한 지 4~6개월 이상 지나 잘 익은 살구주는 아름다운 호박색을 띠며, 신맛과 단맛의 조화가 훌륭한 술이 된다. 다른 술과 섞기보다 그대로 음미하는 것이 좋다. 스트레이트로 그냥 마시거나 입구가 넓은 온더록스 잔에 얼음 몇 개를 넣고, 살구주를 부어 마셔 보자. 기호에 따라 꿀이나 시럽을 가미해도 된다.

사과주

사과는 사과산, 비타민B와 비타민C가 풍부해 피로 해소에 좋고 소화를 촉진하는 기능이 있어
식욕이 없을 때 사과주를 물에 타서 마시면 입맛을 돋우어 준다.
은은한 사과향과 새콤달콤한 맛 그리고 옅은 떫은맛도 있어 풍미가 뛰어난 술이다.

재료
사과 5~6개
설탕 $1/2$컵
담금용 소주 1.8ℓ

01 사과는 깨끗이 씻어 물기를 제거한 뒤 반으로 잘라 씨를 빼낸다.

02 사과를 4등분 한 뒤 설탕과 켜켜이 담는다.

03 하루 정도 뒤에 설탕이 녹은 상태에서 밀폐 용기에 담금용 소주를 붓는다.

04 1개월 뒤에 사과를 걸러내고, 냉장고에서 3개월 동안 숙성시켜 먹는다.

+TIP

+ 사과는 품종이 매우 다양하나 신맛과 단맛이 조화를 이루는 홍옥이 사과주를 담그기에는 가장 좋다.

+ 사과는 공기와 만나면 갈변하므로 용기 입구까지 술을 꽉 채워야 한다.

+ 사과 대신 미니 사과를 쓸 경우에는 반으로 잘라 술을 담는다.

사과 파이 스파클링

사과주의 은은하고 달콤한 맛과 향이 톡톡 튀는 스파클링과 잘 어우러져 입안에서 청량감이 느껴지는 한편,
달달하면서도 그윽한 시나몬향이 사과 파이를 연상시키는 칵테일이다.

재료(8잔 기준)
샴페인 750㎖
(또는 스파클링 와인 동량)
사과주 2+$\frac{1}{2}$컵
소다수 1컵
사과 2개
시나몬스틱 2개
시나몬 시럽 적당량

01 사과주에 시나몬 스틱을 넣고 3시간 정도 숙성시킨다.

02 피처에 샴페인, 01의 사과주, 소다수를 넣고 잘 섞는다.

03 사과를 잘게 잘라 02에 가니쉬로 올린다.

04 시나몬 시럽을 적당량 가미해 마신다.

+TIP

+ 시나몬 시럽 만드는 법은 p. 187 참고.
+ 피처에 한 번에 만들기 쉬워 파티 칵테일 메뉴로 활용하면 좋다.

배주

칼륨이 풍부한 배는 몸속 나트륨을 체외로 배출시켜 혈압을 낮추는 데 도움을 준다.
또한, 단백질 분해 효소인 프로테아제 등 효소 성분이 들어 있어 소화 작용을 돕고,
항산화 물질인 폴리페놀이 몸속 활성산소를 제거해 준다.

재료

배 1kg

설탕 100g

담금용 소주 1.8ℓ

01 배는 깨끗이 씻어 물기를 제거하고 얇게 썬 뒤 씨를 빼낸다.

02 손질한 배를 설탕과 함께 밀폐 용기에 담고,
설탕이 골고루 섞이도록 잘 흔들어 준 뒤 담금용 소주를 붓는다.

03 병을 밀폐시킨 뒤 서늘한 곳에서 1~2주일간 숙성시킨다.

04 건더기를 걸러낸 뒤 병에 담아 냉장 보관한다.

+TIP

+ 배주를 담그기에는 과육이 단단하고 과즙이 풍부한 신고배가 가장 좋다.

+ 숙성시키는 중간중간에 병을 위아래로 흔들어 과즙과 영양분이 술에 잘 우러나도록 한다.

+ 건더기를 걸러낸 술은 바로 먹는 것보다 3개월 정도 숙성하면 풍미가 더욱 좋아진다.

배 바닐라 코코넛 쿨러

달짝지근하고 살짝 산미가 느껴지는 배주와 달달하면서도 중후한 바닐라향,
부드럽고 은은한 코코넛향이 어우러진 풍부한 맛의 칵테일.
입술이 닿는 잔 테두리에 코코넛 가루와 황설탕을 믹스해서 발라 풍미를 더욱 끌어올렸다.

재료(2잔 기준)

배주 120㎖

코코넛 워터 60㎖

레몬즙 60㎖

바닐라 익스트랙
1/2작은술

소다수 약간

시나몬 설탕 적당량

얼음 적당량

01 배주, 코코넛 워터, 레몬즙, 바닐라 익스트랙을 셰이커에 넣고 잘 흔들어 준다.

02 설탕과 시나몬 가루를 골고루 섞어 시나몬 설탕을 만든다.

03 컵 주둥이를 코코넛워터에 살짝 담근 뒤, **02**의 가루를 묻힌다.

04 **03**에 얼음을 담고, **01**을 부은 뒤 소다수를 약간 더 부어 탄산을 가미한다.

+TIP

+ 시나몬 설탕 만드는 법은 p.185 참고

+ 코코넛 슬라이스가 있다면 설탕과 1:1 비율로 섞어 시나몬 설탕 대신 사용해도 된다.
  씹는 질감과 함께 코코넛의 풍미를 더할 수 있다.

귤주

유기산과 비타민C가 풍부한 귤은 신진대사를 원활하게 해 주고
속을 편안하게 해 줄 뿐만 아니라 피부 미용에도 뛰어난 효능이 있다.
귤주를 담그기에 가장 좋은 시기는 겨울인데, 추울 때 나오는 귤이 일찍 나오는 귤보다 비타민C가 훨씬 많다.

재료
밀감 1kg
설탕 60g
담금용 소주 1.8ℓ

01 단단하고 신맛이 강한 밀감을 골라 깨끗이 씻어 물기를 없앤다.

02 껍질을 벗긴 귤과 안 벗긴 귤을 반반씩 섞어 설탕, 담금용 소주를 넣어 밀봉한다.

03 서늘한 곳에 2개월 정도 보관한 뒤 알맹이를 건져내고 마신다.

+TIP

\+ 귤주는 건더기를 체에 걸러도 부유물이 많이 남아 있기 때문에 오래 두고 마시려면
면 보자기에 밭쳐 찌꺼기를 말끔히 걸러내고 보관하도록 한다.

귤주 슬러시

'슬러시slush'는 음료를 마시거나 떠먹을 수 있게 얼음 알갱이가 살짝 씹히도록 얼린 것을 말한다.
새콤달콤한 귤주와 단맛을 더해 주는 감귤 주스를 배합해 상큼한 맛이 톡톡 터지는 디저트 칵테일을 만들어 보자.

재료(6잔 기준)
귤주 300㎖
감귤 주스 300㎖
물 150㎖

01 귤주와 감귤 주스, 물을 잘 섞은 뒤 밀폐 용기에 담는다.

02 01을 하루 정도 두어 얼린 뒤 포크로 긁어 컵에 담고 민트잎으로 장식한다.

+TIP

+ 귤주와 감귤 주스, 물을 배합할 때 단맛을 더 가미하고 싶다면 취향에 따라
　꿀이나 시럽을 넣어도 좋다.

더
맛있게
마시는 법

사과주

단맛과 산미가 조화를 이루는 술로 은은한 사과향을 즐기려면 스트레이트로 마시는 것이 좋으며, 얼음을 넣어 시원하게 마셔도 맛있다. 사과주는 달콤하지만 약간의 떫은맛도 느껴지는데, 라임 주스를 약간만 넣으면 사과향을 해치지 않으면서 떫은맛을 잡아주어 더욱 달콤하고 맛있게 즐길 수 있다.

배주

향이 은은하고 새콤달콤해 스트레이트로 마셔도 좋고, 꿀이나 설탕, 시럽을 넣어 좀 더 달콤하게 마시는 것도 괜찮은 방법이다. 배는 다른 과일에 비해 유기산이 적어 산미가 적은 편이므로 레몬주, 라임주 등 신맛이 많이 나는 과일주와 블렌딩해 마셔도 맛있다. 더위에 지쳤을 때 얼음을 채운 잔에 배주를 넣고 탄산수를 부어 마시면 갈증 해소에 도움이 된다.

귤주

새콤달콤한 귤향이 코끝을 간질이는 귤주는 고운 노란빛을 띠는 술로 산미가 강한 편이다. 온더록스 잔에 얼음 몇 개를 넣고 귤주를 부어 마시는 것만으로도 시원하고 청량한 맛을 느낄 수 있지만, 투명한 유리잔에 크러시드 아이스를 가득 채운 뒤 술을 부어 프라페처럼 마셔도 좋다. 여기에 스퀴즈를 이용해 생과일즙을 바로 짜 넣으면 더 상큼하고 신선한 맛을 낼 수 있다.

체리주

체리는 사과산, 구연산이 풍부해 피로 해소 및 식욕 증진에 효과가 있고,
불면증과 감기 예방에도 도움을 준다. 체리 특유의 달콤한 향이 은은하게 풍기며,
새콤한 과즙이 풍부하게 녹아든 체리주는 완전히 숙성되면 고운 붉은빛을 띤다.

재료

체리 500g
담금용 소주 1.8ℓ

01 체리를 깨끗이 씻은 뒤 줄기를 제거하고, 물기를 닦는다.

02 밀폐 용기에 체리와 담금용 소주를 붓고, 밀봉하여 서늘한 곳에서 보관한다.

03 3개월 후 체리를 걸러내고, 술을 병에 담아 냉장 보관한다.

+TIP

+ 완전히 익은 체리는 신맛이 부족하므로 약간 덜 익은 체리를 섞어서 사용하면 붉은색이 더 곱고,
  단맛과 신맛이 잘 어우러진 술이 된다. 또한, 라임 3~4개를 편으로 썰어 술을 담을 때 같이 넣으면
  상큼한 향을 더하고, 산미를 보충해 줄 수 있다.

체리콕

'체리콕Cherry Coke'은 콜라를 넣은 체리주 에이드로
상큼하고 달콤한 체리향에 톡 쏘는 콜라향이 섞인 칵테일이다.
생체리를 으깨어 넣기 때문에 체리의 맛과 향이 강하며, 단맛이 풍부해 디저트 칵테일로 좋다.

재료(1잔 기준)

체리주 60㎖

체리 ²/₃컵

설탕 ¹/₂작은술

콜라 180㎖

얼음 적당량

01   유리잔에 체리주, 체리, 설탕을 넣고 찧어 씨앗을 발라낸다.

02   01에 얼음을 담은 뒤 차가운 콜라를 채워 낸다.

+TIP

+ 체리 열매 한두 개를 남겨 두었다가 먹기 직전에 장식하면 훨씬 먹음직스럽다.

체리 아마레토 팝시클

코코넛 밀크의 은은한 단맛과 아마레토의 고소한 아몬드향이
체리 퓌레의 상큼하면서도 진한 단맛을 부드럽게 감싸 준다. 체리 과육이 부드럽게 씹히는 가운데
자줏빛 체리 퓌레와 우윳빛 코코넛 밀크 베이스가 조화를 이루는 투톤 팝시클을 만들어 보자.

재료(10개 분량)
코코넛 밀크 400㎖
설탕 $2/3$컵
소금 $1/8$작은술
홈메이드 아마레토
$1+1/2$큰술
아몬드 에센스 2~3방울
체리 퓌레

체리 퓌레 재료
체리 2컵
설탕 2큰술
홈메이드 아마레토 1큰술

01 볼에 코코넛 밀크, 설탕, 소금, 아마레토, 아몬드 에센스를 넣고
골고루 섞은 뒤 냉장고에 2시간 동안 둔다.

02 체리를 과육 부분만 잘라낸 뒤, 설탕, 아마레토와 함께 볼에 담고
15분 정도 절여 둔다.

03 **02**의 체리 퓌레 재료를 냄비에 부어 체리가 익을 때까지
10분 정도 끓인 다음 식힌다.

04 **03**을 믹서에 넣고 건더기가 약간 씹힐 정도로 살짝 갈아 준다.

05 아이스크림 몰드에 **04**의 체리 퓌레와 **01**의 코코넛 밀크 베이스를
자연스러운 층으로 담아 1시간 30분 정도 냉동한 뒤 막대를 꽂고
4~5시간 정도 더 얼린다.

+TIP

+ 홈메이드 아마레토 레시피는 p. 147 참고.

멜론주

부드럽고 달콤한 맛과 향을 가진 멜론주는 식후주로 마시기에 좋다.
멜론은 베타카로틴, 비타민C, 비타민A가 많이 들어 있어 항산화 작용이 뛰어나며 칼륨이 풍부해
체내에 쌓인 나트륨을 배출하는 데도 효과적이다.

재료

멜론 500g
담금용 소주 500㎖

01 멜론은 깨끗이 씻어 껍질을 제거한 뒤, 적당한 크기로 자른다.

02 용기에 멜론과 담금용 소주를 붓고, 밀봉하여 서늘한 곳에서 보관한다.

03 2주일 후 멜론을 걸러내고, 술을 병에 담아 냉장 보관한다.

+TIP

+ 멜론을 준비할 때 과육이 단단한 것을 골라 집에서 3일 정도 후숙한 뒤에 사용하는 것이 좋다.
  후숙을 거치고 나면 과육이 훨씬 부드럽고 당도가 높아진다.

멜론 펀치

'펀치punch'는 넓은 볼에 과일, 주스, 술, 설탕, 탄산수를 혼합하고, 얼음을 띄운 칵테일을 말하는데,
여기서는 술의 특성을 강조해 1인용 펀치 스타일로 연출했다.
연한 노란색과 연두색을 띤 멜론볼이 칵테일을 더욱 먹음직스러워 보이도록 해 준다.

재료(10잔 기준)
멜론주 500㎖
라임즙(라임 3개 분량)
설탕 200g
멜론 ½개
탄산수 1ℓ
민트 약간

01 저그에 멜론주, 라임즙, 설탕을 넣고 잘 저어준다.

02 멜론볼러로 멜론볼을 만들어 **01**에 넣고 30분~1시간 정도 냉장고에 넣어둔다.

03 **02**를 꺼내 탄산수를 붓는다.

04 잔에 나누어 담고, 민트 반 줌으로 장식한다.

+TIP
+ 얼음은 마시기 직전에 넣어 시원함을 더한다.

석류주

달콤 쌉쌀한 맛과 신맛이 조화를 이루는 석류에는 여성호르몬과 유사한 성분인
천연 식물성 에스트로겐이 들어 있어 갱년기 증상을 완화하는 데 효과적이며, 항산화 효과가 뛰어나
피로와 스트레스로 지쳤을 때 에너지 음료로 안성맞춤이다.

재료

석류 2개
설탕 30g
담금용 소주 1ℓ

01 석류를 깨끗이 씻어 물기가 없는 상태에서 4~6등분 한다.

02 석류의 과육이 터지지 않게 껍질을 벗겨낸다.

03 용기에 석류알과 설탕을 켜켜이 담은 뒤, 담금용 소주를 붓는다.

04 서늘한 곳에서 3개월 정도 숙성시켜 먹는다.

+TIP

+ 석류주를 담글 때는 다른 과일주와 달리 덜 익은 열매보다 잘 익은 열매를 사용해야
  색이 곱고 향긋한 술을 얻을 수 있다.

석류주 레몬에이드 펀치

레몬에이드의 산미와 오렌지 주스의 달콤한 맛이 석류주와 어우러져 술맛을 상승시켜 주고,
선연한 붉은색 석류 알갱이가 들어 있어 시각적인 아름다움을 선사하는 칵테일이다.

재료(6잔 기준)
석류주 160㎖
석류 1개
레몬에이드 600㎖
레드 오렌지 주스 500㎖
시럽 30㎖
얼음 적당량

01 피처 또는 볼에 석류주, 석류알, 레몬에이드, 레드 오렌지 주스,
시럽을 넣고 잘 섞는다.

02 컵에 얼음을 담고 **01**의 석류 펀치를 나누어 담는다.

+TIP

+ 석류알을 쉽게 떼어내려면 석류를 테이블에 누르듯 굴린 후 반으로 갈라 긁어내듯 분리한다.

더
맛있게
마시는 법

체리주
체리주는 깊고 독특한 맛과 향이 좋지만 산미가 약간 부족한 편이다. 레몬주와 같이 신맛이 많이 나는 과일주와 블렌딩해서 마시면 훨씬 더 풍부한 향미를 느낄 수 있다. 여기에 반으로 자른 체리를 아이스 큐브로 만들어 곁들이면 더욱 상큼하다. 체리주 본연의 은은한 향을 그대로 즐기고 싶다면 작은 잔에 조금 부어 그대로 마시는 것을 추천한다.

멜론주

멜론은 수분이 많아 술을 담갔을 때 높은 알코올 도수를
희석시켜 훨씬 부드러운 술맛을 낸다. 숙성된 멜론주는
얼음을 넣어 마셔도 되고 탄산수에 섞어 에이드처럼 마
시기에도 좋다.

석류주

석류는 새콤한 맛이 강하지만 익은 정도에 따라 단맛이
조금 부족할 수 있다. 달콤한 맛을 보충하고자 한다면 취
향에 따라 꿀이나 시럽 등의 감미료를 첨가해 주면 된다.
스트레이트로 마시거나 얼음을 넣어 마셔도 좋다.

수박주

향긋하고 시원한 수박향이 감도는 상큼한 맛의 수박주.
수박은 칼륨과 구연산 성분이 풍부해 체내 염분을 배출해 주고, 피로를 푸는 데 도움을 준다.
또한, 수분이 많아 갈증 해소에도 그만이다.

재료
중간 크기 수박 $1/2$통
담금용 소주 750㎖

01 수박 속을 발라내어 밀폐 용기에 담는다.

02 01의 용기에 담금용 소주를 수박이 완전히 잠기도록 붓는다.

03 02를 완전히 밀폐시켜 그늘지고 시원한 장소에서 6일간 숙성시킨 뒤,
    수박을 걸러내 깨끗한 병에 담아 냉장 보관한다.

+TIP

+ 수박 건더기를 오래 두면 수분이 너무 나와 술이 싱거워지므로 6일 뒤에는 바로 걸러내야 한다.
+ 걸러낸 수박주는 숙성될수록 부드러워진다.

수박 상그리아

수박 화채 대신 수박주를 활용해 시원한 향의 수박 상그리아를 만들어 보자.
수박주의 달콤함과 라임의 이국적인 풍미가 여름의 더위를 잊게 해 줄 것이다.
먹다 남은 화이트 와인이나 과일이 있을 때 시도하기 좋다.

재료(6잔 기준)

수박주 250㎖
씨를 제거한 수박 4컵
화이트와인 750㎖
시럽 $1/2$컵
라임즙 $1/3$컵
라임 1개
민트 적당량
얼음 적당량

01 수박을 블렌더에 간 뒤 건더기를 체에 거른다.

02 큰 볼에 **01**의 수박즙을 붓고, 라임과 민트를 제외한 재료를
모두 넣어 잘 섞는다.

03 라임을 얇게 썰어 준비한 볼에 얼음과 함께 띄운다.

04 완성된 음료를 개별 잔에 나눠 담고, 민트로 장식한 뒤 바로 먹거나
냉장고에서 3시간 이상 숙성해 먹는다.

+TIP

+ 슬라이스한 레몬, 오렌지 등 각종 과일과 허브 등을 넣으면 더욱 풍부한 맛을 느낄 수 있다.

파인애플주

노란 빛깔과 새콤달콤한 향으로 입맛을 당기는 파인애플은
비타민A와 비타민C가 풍부해 피로 해소, 식욕 증진에 효과가 있고, 칼륨을 많이 함유하고 있어
고혈압이나 동맥경화의 원인이 되는 나트륨을 체외로 배출하는 데 도움을 준다.

재료
파인애플 1개
담금용 소주 1.8ℓ
설탕 1/2컵

01 파인애플은 껍질을 제거한 뒤 적당한 크기로 썬다.

02 미리 소독한 병에 **01**과 설탕, 담금용 소주를 넣고 잘 섞는다.

03 유리병을 밀봉한 뒤, 햇빛이 비치지 않는 서늘한 곳에서 한 달간 숙성시킨다.

04 파인애플 건더기를 걸러낸 뒤 냉장고에 보관한다.

+TIP

+ 파인애플에는 '브로멜린(Bromelain)'이라는 단백질 분해 효소가 있는데, 고기를 먹을 때
파인애플주를 곁들이거나 식후에 마시면 천연 소화제 역할을 한다.

+ 여름에는 민트 등의 허브와 함께 담가도 좋다.

파인애플 쿨러

달콤한 맛과 산미가 모두 강한 파인애플주에 코코넛 밀크를 넣어
은은한 풍미를 준 칵테일로 '피나콜라다Pina colada'를 연상시킨다.
코코넛 밀크의 고소한 맛과 향이 한층 더 부드럽고 풍부한 맛을 느낄 수 있게 해 준다.

재료(1잔 기준)
파인애플 1컵
얼음 1컵
코코넛 밀크 $\frac{1}{2}$컵
라임즙 $\frac{1}{4}$작은술
파인애플주 2큰술
파인애플 슬라이스 적당량
민트 적당량

01 믹서에 민트와 파인애플 슬라이스를 제외한 모든 재료를 넣어
   부드럽게 갈아 준다.

02 민트와 파인애플 슬라이스로 장식한다.

+TIP

+ 달게 먹고 싶다면 기호에 맞게 꿀이나 시럽을 넣어 마셔도 된다.

+ 공복에 마시기보다는 반주나 디저트 칵테일로 마시는 것이 좋다.

오미자주

단맛, 신맛, 쓴맛, 짠맛, 매운맛 등 다섯 가지 맛이 난다고 해서 이름 붙은 오미자는
여러 가지 맛 가운데서도 신맛이 강해 갈증을 해소하는 데 탁월한 효과가 있다.
또한, 각종 유기산과 비타민, 무기질이 풍부해 피로 해소에도 그만이다.

재료

오미자 100g

설탕 150g

담금용 소주 1ℓ

01 오미자를 뭉개지지 않도록 살살 씻어 물기를 말린다.

02 용기에 오미자와 설탕을 켜켜이 담고, 담금용 소주를 부어
시원한 곳에서 보관한다.

03 10일 동안 중간중간 용기를 흔들어 준다.

04 서늘한 곳에서 1개월 정도 숙성시킨 뒤 오미자를 걸러내고 냉장 보관한다.

+TIP

+ 달콤한 술을 좋아한다면 설탕량을 늘려도 좋다.

오미자 진저에일

'진저에일^{Ginger ale}'은 생강으로 맛과 향을 낸 무알코올 탄산음료로
증류주나 과일주와 섞어 칵테일을 만들 때 유용하다.
은은하게 풍기는 생강의 맵싸한 향이 오미자주와 묘한 조화를 이룬다.

재료(6잔 기준)
오미자주 125㎖
아가베 시럽 60㎖
진저에일 750㎖

01 칵테일 잔에 오미자주와 시럽을 넣고 잘 섞어 준다.

02 01에 진저에일을 채운다.

+TIP

+ 진저에일은 시판 제품을 사용해도 좋고, 생강청이 있다면 집에서 직접 만들어 쓸 수도 있다.
  생강청 2큰술에 탄산수 130㎖를 섞은 뒤 건더기를 건져내고, 레몬 슬라이스를 적당히 넣어
  상큼한 향을 입힌다.

더
맛있게
마시는 법

수박주

수박으로 술을 담그면 수분이 많아 진한 알코올 향을 희석시켜 주며, 은은한 수박향 덕분에 부드러운 풍미를 느낄 수 있다. 다만, 신맛이 없으므로 레몬이나 라임, 자몽, 오렌지 등 시트러스 과일류의 과즙을 가미하거나 산미가 강한 술과 블렌딩하면 술맛이 훨씬 풍성해진다. 좀 더 색다르게 즐기고 싶다면 빙수로 만들어 보자. 수박주에 레몬즙을 뿌리고 꿀이나 시럽을 섞어 반나절 정도 얼린 뒤 빙수기에 갈아 연유를 뿌려 먹는다.

파인애플주

파인애플주는 달콤하고 상큼한 맛과 향이 진한 술이라 그대로 마셔도 좋고, 얼음을 넣거나 탄산수를 섞어 마셔도 맛있다. 코코넛 밀크나 코코넛 워터, 진저에일 등 부드럽고 은은한 향을 지닌 음료와 블렌딩해도 잘 어울리는데, 단맛이 강해 별도의 감미료를 넣지 않아도 된다.

오미자주

오미자는 산미가 강해 알코올 향을 누그러뜨리는 효과가 있어 술맛이 훨씬 부드럽다. 신맛이 먼저 나고, 뒤이어 단맛, 쓴맛, 매운맛, 짠맛이 느껴지는 오묘한 술로 다른 술과 섞기보다 그냥 그대로 마시는 게 좋다. 탄산수를 섞어 마시면 갈증 해소에 도움이 된다.

03
특별한 술에
끌리다

오렌지첼로

오렌지첼로는 이탈리아에서 식후주로 사랑받는 레몬첼로를 응용하여 만든 술이다.
오렌지 껍질에서 우러나온 아름다운 빛깔과 향긋한 내음,
달콤하면서도 쌉쌀한 맛이 나른한 입맛을 깨워 준다.

재료

오렌지 5개
보드카 1ℓ
설탕 4컵
물 5컵

01 오렌지는 뜨거운 물로 깨끗이 씻은 뒤 물기를 닦아낸다.

02 필러로 오렌지의 주황색 껍질 부분만 분리한다.
이때, 껍질에 하얀 속껍질이 남지 않도록 한다.

03 밀폐 용기에 **02**의 오렌지 껍질을 넣고 보드카를 부은 뒤 밀봉하여
서늘한 곳에서 10~30일 정도 숙성시킨다.

04 **03**의 오렌지 껍질을 걸러내고, 술만 보관 용기에 따른다.

05 냄비에 설탕과 물을 넣고 설탕이 녹을 때까지 15분 정도 끓인 뒤 식힌다.

06 **05**의 시럽을 **04**의 술과 섞는다.

+TIP

+ 속껍질을 깨끗이 손질하지 않으면 나중에 술이 완성되었을 때 떫은맛이 나게 된다.

+ 보드카는 차가울수록 알코올 특유의 거친 냄새가 사라지므로 완성된 술은 냉동실에 보관한다.

오렌지첼로 만드는 과정

오렌지를 깨끗이 씻어 물기를 제거한 뒤
필러로 껍질을 벗긴다.

밀폐 용기에 오렌지 껍질을 넣는다.

보드카를 붓고 밀봉해
서늘한 곳에서
10~30일간 숙성시킨다.

숙성된 술에서 오렌지 껍질을 걸러내고
술만 보관 용기에 따른다.

냄비에 설탕과 물을 넣고 설탕이 녹을 때까지
15분 정도 끓인 뒤 식혀 시럽을 만든다.

시럽을 술에 넣고
잘 섞이도록 저어 준다.

레몬첼로

레몬첼로는 이탈리아 남부 지역의 술로 저녁 식사 후 차갑게 마신다.
레몬주스의 신맛이나 쓴맛이 없고, 달콤하고 진한 레몬맛으로 인기 있는 술이다.
또한, 레몬 껍질에 들어 있는 '페리진'은 몸속의 독소를 제거하고 열을 내리는 효과가 있다.

재료

레몬 5개
보드카 1ℓ
설탕 750g
물 700㎖

01 레몬은 뜨거운 물로 깨끗이 씻은 뒤 물기를 닦아낸다.

02 필러로 레몬의 노란 껍질 부분만 분리한다.
이때, 껍질에 하얀 속껍질이 남지 않도록 한다.

03 밀폐 용기에 레몬 껍질을 넣고, 보드카를 부어 레몬 껍질이 잠기도록 한다.

04 **03**을 잘 밀봉한 뒤 매일 위아래로 흔들어 주며 서늘한 곳에 일주일 정도 둔다.

05 냄비에 설탕과 물을 넣고 설탕이 녹을 때까지 15분 정도 끓인 뒤 식힌다.

06 **05**에서 만든 시럽을 **04**의 병에 부은 뒤
중간중간 위아래로 흔들어 가며 1주일 더 숙성시킨다.

07 레몬 껍질을 걸러낸 뒤 술만 보관 용기에 따른다.

+TIP

+ 보드카는 차가울수록 알코올 특유의 거친 냄새가 사라지므로 먹기 직전에 차갑게 해서 먹으면
더욱 맛있게 즐길 수 있다.

+ 속껍질을 깨끗이 손질하지 않으면 나중에 술이 완성되었을 때 떫은맛이 나게 된다.

레몬첼로 만드는 과정

레몬을 깨끗이 씻어 물기를 닦아낸 다음
필러로 노란 껍질 부분만 벗겨낸다.

밀폐 용기에 레몬 껍질을 넣고
보드카를 부어 레몬 껍질이 잠기도록 한 뒤
잘 밀봉해 일주일간 숙성시킨다.

냄비에 설탕과 물을 넣고 설탕이 녹을 때까지
15분 정도 끓인 뒤 식혀 시럽을 만든다.
시럽을 술에 넣고 1주일 더 숙성시킨다.

숙성 중간중간에 위아래로 흔들어 가며
발효가 잘되도록 한다.
껍질을 체에 거르고 술만 보관 용기에 붓는다.

아마레토

아마레토는 살구씨 또는 아몬드씨로 향을 낸 달콤한 이탈리아 술이다.
원래는 살구씨나 아몬드씨를 진, 보드카와 같은 증류주에 우려내 만드는데,
쉽게 구할 수 있는 아몬드 에센스를 이용해 고소한 아몬드향이 매력적인 아마레토를 만들어 보자.

재료
물 1컵
백설탕 1컵
흑설탕 ½컵
보드카 2컵
아몬드 에센스 2큰술
바닐라 에센스 2작은술

01 냄비에 물과 흑설탕, 백설탕을 넣고 설탕이 녹을 때까지 끓인다.

02 냄비를 불에서 내려 10분 정도 식힌다.

03 **02**의 시럽에 보드카와 두 가지 에센스를 넣고 잘 저어준 뒤 병에 보관한다.

+ TIP
+ 아마레토는 그대로 마셔도 좋고, 칵테일 베이스나 디저트를 만들 때도 활용할 수 있다.

아마레토 만드는 과정

냄비에 물과 흑설탕, 백설탕을 넣고
설탕이 녹을 때까지 끓인다.

설탕 시럽을 냄비째로 식힌 뒤 보드카를 붓고
바닐라 에센스와 아몬드 에센스를 넣는다.

모든 재료가 잘 섞이도록 고루 저어 준다.
보관 용기에 붓는다.

과일 껍질로 담그는 술

이토록 맛있는 과일 껍질

레몬, 라임, 오렌지, 귤, 자몽, 유자 등 시트러스 과일의 껍질에는 다른 과일 껍질에 비해 비타민C가 월등히 많다. 이들 과일의 껍질에 많이 들어 있는 '헤스페리딘' 성분은 혈압을 낮추고 간을 해독하며 향균 효과가 있다고 알려져 있다. 시트러스 껍질 손질법은 다음과 같다. 먼저 시트러스 과일을 소금 또는 베이킹 소다로 문질러 뜨거운 물에 깨끗이 씻은 뒤 물기를 제거하고, 껍질을 벗긴다. 그다음 껍질을 채반에 겹치지 않도록 놓아 햇볕에 널거나 식품 건조기를 이용해 바싹 말린다.

유럽에서는 시트러스 껍질로 술을 담가 먹거나 차를 끓여 마시기도 하고, 설탕에 절여 제과·제빵에 활용하는 등 여러 가지 방법으로 껍질의 영양을 섭취해 왔다. 시트러스 껍질에 설탕을 입혀 스낵처럼 만들기도 하는데, 차를 마실 때 곁들이면 풍미가 아주 좋다.
한의학에서는 귤껍질을 '진피'라 하여 약재로 사용했는데, 말린 뒤 달여 마시면 속을 편안하게 해 주고, 감기를 예방하는 효과가 있다. 다른 시트러스 과일과 달리 귤껍질은 쓴맛이 덜하므로 술을 담가 마셔도 좋다.

사과를 가장 맛있게 먹는 방법은 잘 씻어서 껍질째 통으로 먹는 것이라고 한다. 사과의 비타민C 대부분이 껍질과 껍질 바로 밑의 과육에 함유되어 있고, 영양분과 당분도 대부분 여기에 축적되어 있기 때문이다. 사과 껍질은 식이섬유가 풍부해 변비를 예방하고, 항산화 효과가 뛰어난 폴리페놀을 많이 함유하고 있어 매우 유용하다. 말린 사과 껍질은 풍미가 좋아 베이킹 재료에 많이 활용되고 있는데, 설탕에 절여 차를 만들어 마셔도 좋고 보드카나 위스키에 우려내 리큐어로 즐길 수도 있다.

칼루아

달콤하면서 약간 쌉싸름한 커피향이 후각을 사로잡는 칼루아는
원래 커피 원두와 설탕, 럼을 주원료로 하여 바닐라향과 캐러멜향을 가미해 만드는데,
인스턴트 커피를 사용해 가정에서 간단히 만들어 볼 수 있다.

재료

물 2컵

인스턴트 커피 3/4컵

보드카 2+1/4컵

설탕 4컵

바닐라빈 1개

01 냄비에 물, 설탕, 인스턴트 커피를 넣고 약불에 끓인다.

02 **01**의 커피 혼합물을 상온에서 식힌 뒤 보드카를 넣고 잘 섞는다.

03 병에 **02**를 따르고 바닐라빈을 반으로 갈라 넣은 뒤 밀봉한다.

04 서늘한 곳에서 2~3주 동안 보관했다가 바닐라빈을 걸러내고 보관 용기에 담는다.

+TIP

+ 시나몬향을 더하고 싶다면 **01**의 과정에서 시나몬 스틱 1개를 함께 우려도 좋다.

+ 홈메이드 칼루아는 30일 정도 냉장 보관할 수 있다.

칼루아 만드는 과정

냄비에 물, 설탕, 커피를 넣고
약불에 끓인다.

커피 혼합물이 식으면 보드카를 넣고
잘 저어 준 뒤 보관 용기에 붓는다.

바닐라빈을 반으로 갈라
병에 넣고 밀봉한다.

아이리시 크림

커피향과 초콜릿향, 바닐라향의 달콤한 풍미와 부드러운 생크림의 조화가
감미로운 맛을 내는 아이리시 크림은 디저트 칵테일로 인기 있는 메뉴다.
시럽 대신 연유를 넣어 은은하게 배어드는 우유향과 부드러운 단맛을 가미했다.

재료
생크림 1컵
인스턴트 커피 1작은술
코코아파우더 $1/2$작은술
아이리시 위스키 $3/4$컵
바닐라 에센스 1작은술
연유 397g

01 볼에 커피와 코코아 파우더, 생크림 1큰술을 잘 섞어 페이스트를 만든다.

02 01에 나머지 생크림을 천천히 넣어가며 부드러운 크림 상태가 될 때까지 휘핑한다.

03 02에 위스키, 바닐라 에센스, 연유를 넣고 골고루 섞는다.

04 보관 용기에 담아 냉장고에서 2주간 숙성시킨다.

+TIP

+ 크림과 위스키를 섞을 때 충분히 젓지 않으면 지방 성분과 알코올이 분리되므로 주의한다.

+ 커피에 넣어 먹거나 케이크에 적셔 풍미를 더할 수 있고, 그 자체로 얼음을 곁들여 먹어도 좋다.

아이리시 크림 만드는 과정

볼에 커피와 코코아 파우더를 넣은 뒤
생크림 1큰술을 넣고
잘 섞어 페이스트를 만든다.

나머지 생크림을 천천히 넣으며
부드러운 크림 상태가 될 때까지 젓는다.

위스키와 바닐라 에센스를
넣는다.

연유를 넣고 모든 재료가
고루 섞이도록 잘 저어 준 뒤
보관 용기에 담는다.

더
맛있게
마시는 법

칼루아를 이용해 만드는 칵테일
칼루아에 우유나 콜라, 커피, 맥주, 보드카와 같은 간단한 음료를 첨가해도 특별한 칵테일을 만들 수 있다. 칼루아와 보드카를 베이스로 하는 블랙 러시안은 칼루아의 단맛 때문에 알코올 향이 별로 거북하게 느껴지지 않으며, 커피를 좋아하는 사람이라면 모두가 좋아하는 칵테일이다.

칼루아에 우유, 바나나를 넣어 달콤하고 부드러운 맛을
더한 셰이크 같은 칵테일을 만들어도 좋은데, 술을 잘 마
시지 못하는 사람도 부담 없이 즐길 수 있을 것이다.

칼루아에 우유나 생크림을 섞어서 만드는 칼루아 밀크
는 커피 우유 같은 맛이 난다. 커피의 맛을 더 진하게 느
끼고 싶다면 칼루아와 우유의 비율을 1:1로 하고, 좀 더
부드러운 맛을 원한다면 우유의 양을 좀 더 늘린다.
칼루아 밀크는 칼루아와 우유 또는 생크림이 섞이지 않
고 층을 이루도록 만드는 것이 매력인데, 잔 안쪽에 숟가
락을 기대어 숟가락 머리의 둥근 부분이 위로 오도록 놓
고, 그 위에 우유를 천천히 따라 부으면 된다.

칼루아와 보드카를 섞은 베이스에 에스프레소와 아이
스크림을 더한 아포가토 스타일도 여성들에게 인기 있
는 메뉴다.

젤리곰 보드카

알록달록한 색깔에 다양한 과일 맛이 쫄깃쫄깃 씹히는 젤리곰에
보드카를 부어 불린 뒤 술을 머금어 통통해진 젤리곰을 숟가락으로 떠먹으면 된다.
새콤달콤, 말랑말랑하고 촉촉한 젤리 맛에 빠져 하나둘 먹다 보면 어느새 취기가 오른다.

재료
젤리곰 적당량
보드카 적당량

01 원하는 양만큼의 젤리곰을 밀폐 용기에 담는다.

02 젤리곰이 충분히 잠길 정도로 보드카를 부은 뒤 랩으로 덮고
냉장고에서 1~2일 정도 불린다.

+TIP

+ 젤리곰 외에도 다양한 종류의 젤리를 활용해 만들 수 있다.

젤리곰 보드카 만드는 과정

젤리곰을 원하는 양만큼
밀폐 용기에 담는다

젤리곰이 충분히 잠길 정도로
보드카를 붓는다.
냉장고에서 1~2일 정도 불린다.

블러디메리

토마토에 들어 있는 라이코펜은 활성산소를 배출해 노화를 막고, 알코올을 분해할 때 생기는 독성 물질을
배출하는 효과가 있다. 보드카에 토마토 주스를 섞어 만드는 블러디메리는 유럽에서 해장술로 애용하는 칵테일인데,
토마토 주스 대신 생토마토를 사용하면 더욱 신선한 맛을 낼 수 있다.

재료
토마토 3개
할라피뇨 2개
통후추 한 줌
바질 한 줌
고수 한 줌
송송 썬 홍고추 약간
마늘 4개
보드카 750㎖

01 채소와 허브는 깨끗이 씻어 준비하고, 토마토는 4등분 한다.

02 모든 재료를 병에 넣고 보드카를 붓는다.

03 02를 잘 밀봉한 뒤, 서늘한 곳에서 3~5일간 숙성시킨다.

04 03의 술을 거른 뒤 보관 용기에 담는다.

+TIP

+ 숙성하는 중간중간에 과즙이 빨리 우러나도록 위아래로 흔들어 준다.

+ 마시기 직전에 토마토 주스와 우스터소스 두 방울을 섞어 마신다.

블러디메리 만드는 과정

토마토는 깨끗이 씻은 뒤
물기를 닦고 4등분 한다.
밀폐 용기에 토마토를 넣는다.

통후추와 마늘,
홍고추, 할라피뇨를 넣는다.

고수와 바질을 넣고
보드카를 부은 뒤 잘 밀봉해 숙성시킨다.

캔디류는 통통 튀는 색깔, 달콤한 맛과 향 덕분에
별다른 재료 없이도 그럴듯한 칵테일을 만들 수 있어
유용하다. 보드카에 불린 젤리, 솜사탕이나 캔디를
보드카에 녹여 만든 칵테일은 미국이나 유럽에서
홈파티 메뉴로 인기 있는 아이템이다.

04
멋을 담아
마시다

RIM 림 장식

칵테일 잔에서 입술이 닿는 테두리에 레몬 슬라이스 등으로 즙을 바른 뒤 설탕이나 소금, 사탕가루, 제스트 등을 묻혀 장식하는 것을 '림Rim 장식'이라고 한다. 시각적으로 더 아름다울 뿐만 아니라 칵테일의 맛과 향을 더해 주는 효과도 있다.

림 장식의 재료는 크게 두 가지로 나뉘는데, 장식할 가루(설탕, 소금, 사탕가루, 과일 제스트)와 컵에 가루를 부착시켜 주는 액체(레몬즙, 액상과당, 꿀, 시럽, 올리고당)가 필요하다.

림 장식을 만드는 법은 다음과 같다. 장식할 가루를 작은 쟁반이나 접시에 수북이 펼쳐 둔 뒤 잔의 림에 액체를 고르게 발라 준다. 그리고 잔을 뒤집어서 준비해 둔 가루를 잘 찍어 고르게 묻히면 된다.

칵테일을 화려하게 연출하기 위해 여러 재료를 섞어 창의적으로 사용해도 좋고, 칵테일 맛에 어울리는 하나의 재료로 마무리해도 좋다. 다양한 색상의 캔디를 잘게 부수어 컵에 둘러 주어도 재미있는 효과를 줄 수 있는데, 파티나 크리스마스 시즌에 칵테일 장식으로 활용하기 좋다. 그 밖에도 림 장식에 쓸 설탕과 소금에 약간의 변형을 주어 한층 더 멋스러운 분위기를 연출할 수 있다.

림 장식에서 가장 일반적으로 많이 쓰이는 두 가지는 '솔트 림(Salt Rim)'과 '슈거 림(Sugar Rim)'이다. 솔트 림은 마르가리타나 블러디메리, 맥주 베이스 칵테일에 잘 어울리고, 슈거 림은 달콤하고 신맛을 내는 칵테일과 궁합이 맞다. 투명하고 깔끔한 느낌을 연출하고 싶을 때는 백색 설탕이나 소금을 사용한다.

특별한 설탕&소금

림 장식으로 설탕이나 소금 등을 가미하지 않고 쓸 수도 있지만 다른 재료를 섞어서 더 재미있고 맛있게 표현할 수 있다. 시나몬 가루 같은 향신료를 섞어 달달하면서도 그윽한 풍미를 주거나 레몬 제스트, 코코넛 슬라이스 같은 과일 플레이크와 버무려 과일향을 입히고, 독특한 식감을 줄 수도 있다.

시나몬 소금

소금 1컵, 시나몬 가루 $^1/_2$컵

소금과 시나몬 가루를 골고루 섞는다. 밀폐 용기에 담으면 2주간 보관할 수 있다.

레몬 제스트 설탕

레몬 1개, 설탕 $^1/_3$컵

레몬은 베이킹 소다로 닦은 뒤 뜨거운 물로 씻어 물기를 제거한다. 레몬 껍질을 얇게 벗겨 잘게 다진 뒤 설탕과 골고루 섞어 완성한다.

바닐라 설탕

설탕 1컵, 바닐라빈 1개

바닐라빈을 반으로 갈라 씨를 긁어낸 뒤 설탕과 골고루 섞는다. 밀폐 용기에 2주 동안 둔 뒤 사용하면 된다.

시나몬 설탕

설탕 $^1/_4$컵, 시나몬 가루 4작은술

설탕과 시나몬 가루를 골고루 섞는다. 밀폐 용기에 담으면 2주간 보관할 수 있다.

코코넛 슈가

코코넛 슬라이스 2큰술, 코코넛 설탕 1큰술

코코넛 슬라이스를 잘게 다진 뒤 코코넛 설탕과 잘 섞어 완성한다. 밀폐 용기에 담으면 2주간 보관할 수 있다.

민트 설탕

민트 $^1/_2$컵, 설탕 $^3/_4$컵

푸드 프로세서에 민트와 설탕을 넣고 곱게 갈아 완성한다. 밀폐 용기에 담으면 1~2일간 보관할 수 있다.

시럽 만들기

시럽은 갖가지 맛과 향으로 칵테일의 풍미를 끌어올려 준다. 본 책에 나온 활용 칵테일에 아래의 시럽들을 다양하게 활용해 칵테일을 좀 더 재미있고 특별한 맛으로 즐겨 보자. 직접 만든 시럽은 실온에서 식힌 뒤 냉장 보관하며, 보통 일주일 정도 보관할 수 있다.

시럽

설탕 1컵, 물 1컵
설탕과 물을 넣고 설탕이 녹을 때까지 저어가며 끓인다. 식힌 뒤 냉장 보관한다.

시나몬 시럽

물 1컵, 설탕 1컵, 시나몬 스틱 4개
물에 설탕을 넣고 녹을 때까지 저은 뒤 시나몬 스틱을 넣고 약불에서 20분간 끓인다. 식힌 다음, 한 번 걸러 냉장 보관한다.

허니 진저 시럽

꿀 1컵, 물 1컵, 다진 생강 25g
냄비에 꿀과 물을 넣고 물이 끓기 시작하면 생강을 넣어 1분간 끓이다가, 불을 줄여 약불에서 15분 정도 더 끓인다. 실온에서 식힌 다음, 한 번 걸러 병에 담아 냉장 보관한다.

허니 시럽

꿀 1컵, 찬물 1컵
냄비에 꿀과 물을 넣고 끓인다. 식힌 뒤 냉장 보관한다.

진저 시럽

설탕 1컵, 물 1컵, 다진 생강 40g
물에 설탕이 녹을 때까지 저어가며 끓인 뒤 다진 생강을 넣고 다시 약불에서 20분간 끓인다. 식힌 다음, 한 번 걸러 냉장 보관한다.

허브 시럽

설탕 1컵, 물 1컵, 드라이 허브 1/2큰술
물에 설탕이 녹을 때까지 저은 뒤 끓으면 원하는 향의 드라이 허브를 넣고 불을 끈 채로 5~8분 정도 담가 두었다가 허브를 건져낸다. 식힌 다음, 한 번 걸러 냉장 보관한다.

ICE 얼음

칵테일에 사용하는 얼음은 갖가지 모양의 몰드를 이용해 다양한 방식으로 연출할 수 있다. 기존 얼음 틀에서 벗어나 동그란 모양, 길쭉한 모양, 다른 기하학적 모양의 몰드를 이용해 보아도 좋고, 몰드가 아 닌 머핀 틀이나 마들렌 틀 같이 베이킹 틀을 이용해서 얼음을 얼려 보아도 색다른 재미를 줄 수 있다.

꽃 얼음은 하루 전에 준비해야 모양이 예쁘게 나오며, 물을 팔팔 끓인 뒤 충분히 식혀서 얼려야 크리스 털처럼 반짝이고 투명한 얼음을 만들 수 있다. 너무 뜨겁거나 차지 않은 적당한 온도의 물을 사용해 서 서히 냉동시키는 것이 포인트다. 꽃 위에 물을 부을 때는 꽃이 가라앉지 않도록 조심스레 부어야 한다. 완성된 꽃 얼음은 2주 안에 사용하는 것이 좋고, 먹기 직전에 꺼내 원하는 칵테일에 넣는다. 꽃 얼음은 투명한 색상의 칵테일이나 음료에 잘 어울린다.

과일 얼음은 보기만 해도 상큼하고 청량감이 느껴진다. 과일은 깨끗이 씻고, 크기가 클 경우 알맞은 크 기로 잘라 준비한다. 2주 안에 사용하는 것이 좋고, 먹기 직전에 꺼내 원하는 칵테일에 넣는다. 여러 가 지 과일이나 허브와 믹스해서 함께 얼려도 좋다.

허브 얼음의 허브 향을 더 진하게 느끼고 싶다면 허브가 충분히 우러나도록 20분 정도 물에 담가 두었다 가 얼리면 된다. 상큼한 맛을 입히고 싶다면 레몬즙이나 라임즙 같이 가벼운 과즙을 첨가해도 좋다.

허브 얼음

과일 얼음

apple
spiced
vodka

네임텍, 라벨

여러 병을 만들어 간단하게 선물할 때는 라벨이나 '네임텍Name tag'을 활용해 집에서 직접 만든
정성스러운 느낌을 주어도 좋다. 무지 라벨에 직접 손글씨를 써서 홈메이드 느낌을 강조하거나
필기체가 적힌 스티커를 활용해 보자.

재료
라벨지 혹은 네임텍
알록달록한 색실
송곳

01 시판 라벨지나 네임텍 또는 라벨 모양의 프린트물을 출력해 준비한다.

02 01에 술의 종류 또는 담은 날짜 등을 손글씨로 직접 쓰거나
프린트물을 출력해 붙인다.

03 라벨 또는 네임텍 상단 가운데에 송곳으로 구멍을 뚫어 실을 통과시킨 뒤
병 주둥이 부분에 두른 다음 매듭을 지어 묶는다.

+ TIP

+ 라벨이나 네임텍 대신 마스킹 테이프나 종이테이프를 병에 깔끔하게 붙인 뒤,
  술에 관련된 내용이나 메시지를 적는 것도 가까운 사람에게 선물할 때
  약간의 특별함을 더하는 방법이 될 수 있다.

천, 보자기

와인병과 같은 길쭉한 병에 담은 술은 티타월이나 보자기 같은 천을 활용해 보는 것도 좋다.
패턴이 있는 티타월, 천, 색이 고운 보자기를 활용하면 군더더기 없으면서도 쉬운 선물 포장을 완성할 수 있다.
집에 남는 천이 있다면 한번 시도해 보자.

재료
티타월 혹은 보자기

01 병에 알맞은 크기의 천을 바닥에 펼쳐 두고 $3/4$ 정도 위치에 병을 눕힌다.

02 병 아래쪽에 $1/4$가량의 남는 천으로 병을 덮듯이 위를 향해 접고,
남은 양옆의 천을 가운데로 모아 감싸듯이 매듭을 지어 주면 완성이다.
무엇보다 개인의 개성에 맞게 자연스러운 매듭으로 연출하면 된다.

+TIP

+ 어른들께 선물할 때는 고급스러운 느낌이 드는 양단 보자기나 배색 보자기 같은 한복감을
활용해도 좋다. 부드럽고 포근한 질감이 있어 고풍스러울 뿐만 아니라
보자기를 나중에 활용할 수 있어 실용적이기도 하다.

한지와 꽃

포장지나 종이류를 이용해 포장할 때에는 부드러운 재질을 활용하는 것이 용이하다.
다양한 끈이나 리본을 활용해 여러 번 돌려 묶어 멋스러운 느낌을 주거나
매듭 부분에 말린 꽃이나 허브를 달아 장식해도 된다.

재료
자연스러운 색상의
포장지 혹은 한지
끈
말린 꽃 또는 허브

01 한지나 포장지 중앙에 병을 놓는다. 한지를 사용할 경우 미리 손으로 구겨
자연스러운 느낌이 들도록 주름을 잡는다.

02 한지를 넓게 펼쳐 병 둘레를 감싸고, 손으로 잘 말아 준다.
이때, 한지 또는 포장지를 병 길이보다 조금 높게 올려 병을 완전히 가리도록 한다.

03 병 주둥이 부분을 잡고 사탕 포장하듯이 묶어 준다.

+TIP

+ 꽃이나 나뭇잎 무늬가 있는 포장지를 골라 싱그러운 느낌을 주거나 한지에 향수 또는 허브 오일을
살짝 뿌려 은은한 향을 입혀도 좋다.

덮개와 끈

둥글고 넓은 형태의 병을 사용할 때는 종이나 천을 이용해 덮개를 씌우고, 리본을 묶는 방법을 활용해 보자.
리본 매듭으로는 두꺼운 리본보다 소박한 끈 형태가 잘 어울린다.
또한, 포장한 병을 선물용 종이 케이스에 넣어 선물해도 좋다.

재료
무늬가 예쁜
데코 종이나 천
가위
리본 또는 끈

01 원하는 색상과 패턴의 데코 종이나 천을 준비한다.

02 01을 병뚜껑의 지름보다 2~3㎝ 정도 크게 오린 뒤 뚜껑을 잘 감싼다.
이때 종이나 천의 주름이 일정하게 잡히도록 접어야 깔끔하고 예쁘다.

03 병뚜껑 아랫부분에 리본이나 끈을 여러 번 둘러 묶는다.

+TIP

+ 포장지 같은 것을 잘라 둥근 덮개를 만들어도 좋은데, 여러 명에게 선물할 때는
집에서 사용하지 않는 천이나 옷 등을 잘라 각각 다른 모양의 덮개를 씌우는 것도 재미있고
개성 있게 선물할 수 있는 방법이다.

55°에서 만든
이지쿡 시리즈를 소개합니다

KIMCHI 김치

저자 문인영 | **페이지** 152쪽
발행 2013년 11월 13일 | **값** 14,800원

요리 초보라도 실패 없이 김치를 담글 수 있는 상세한 레시피와 친절한 사진으로 김치의
기본을 알려주는 입문서. 배추와 무로 담그는 김치부터 파, 갓, 부추, 오이 등으로 담그는
특별한 김치까지 우리가 즐겨 먹는 레시피를 선별하고, 고춧가루, 젓갈 같은 기본 재료에
관한 정보도 꼼꼼하게 수록되어 있다.

PICKLE 피클

저자 김수경 | **페이지** 200쪽
발행 2014년 1월 15일 | **값** 14,800원

서양요리와 잘 어울리고, 밥반찬으로도 사랑받는 건강한 저장식품 피클! 배추, 양파, 당
근, 무, 아스파라거스, 비트, 연근, 파프리카 등으로 만드는 개운한 채소 피클과 배, 레몬,
청포도, 달걀 등으로 만드는 색다른 피클, 이를 활용한 요리법, 건강한 컬러푸드 정보까지
빼곡하다.

SANDWICH 샌드위치

저자 박선희 ｜ **페이지** 208쪽
발행 2014년 5월 22일 ｜ **값** 14,800원

주재료인 빵, 채소, 육류, 육가공제품, 치즈, 해산물, 피클, 스프레드와 소스에 대해 상세히
설명하고 있다. 그리고 홈메이드 스프레드와 소스 만드는 법, 인기 샌드위치 Best 5 레시피,
언제 먹어도 맛있는 콜드 샌드위치, 요리처럼 즐기는 따뜻한 샌드위치, 심플하고 편리한 포
장 아이디어와 남는 빵 활용법까지 수록되어 있다.

JAM 잼

저자 김수경 ｜ **페이지** 216쪽
발행 2014년 7월 1일 ｜ **값** 14,800원

싱싱한 제철 과일을 비롯해 사계절 풍성한 채소와 홍차·우유·커피처럼 특별한 재료로
만드는 다양한 잼 레시피를 한 권에 모았다. 콤포트·시럽·스프레드 만드는 법과 완성된
잼을 소스·드레싱·토핑으로 활용한 요리, 선물로 손색없는 잼 포장법까지 모두 수록되
어 있다.

JUICE 주스

저자 김상영 ｜ **페이지** 208쪽
발행 2014년 7월 31일 ｜ **값** 14,800원

채소와 과일로 크게 분류한 주재료에 맛과 영양을 업그레이드 시켜줄 여러 가지 재료를
혼합해 만든 쉽고 건강한 100가지 주스! 100개의 레시피마다 생활에 도움이 되는 영양과
건강 정보를 덧붙이고, 홈메이드 주스를 활용해 만드는 다양한 요리법까지 소개한다.

맛있다! 피클 PICKLE

저자 김수경 | **페이지** 312쪽
발행 2015년 2월 20일 | **값** 18,000원

기존의 〈피클PICKLE〉보다 31종의 피클이 추가되고 활용레시피가 더욱 강화되었다. 배추, 양파, 당근, 무, 아스파라거스, 비트, 연근, 파프리카 등으로 만드는 개운한 채소 피클과 배, 레몬, 청포도 등으로 만드는 상큼한 과일 피클, 달걀, 새우, 연어, 두부 등으로 만드는 특별한 피클과 건강한 컬러푸드 정보까지 빼곡하다.

양념&소스

저자 김상영 | **페이지** 260쪽
발행 2015년 5월 26일 | **값** 14,800원

어머니가 차려 주시는 정성 가득한 밥상을 떠올리며 간단한 요리라도 직접 만들어 보려 하지만, 어떻게 맛을 낼지 막막했던 경험이 있다면 이 책을 주목해 보자. 직접 만들어 더 건강하고 맛있는 만능양념 10가지와 홈메이드소스 8가지, 이를 이용한 한식은 물론 중식, 일식, 양식 요리까지 다양한 요리 레시피를 소개한다.

콩·두부

저자 김외순 | **페이지** 320쪽
발행 2015년 10월 5일 | **값** 16,800원

콩은 그 자체로도 훌륭한 식재료지만 가공 과정을 거치면 콩국, 두유, 비지, 두부, 두부피, 유부 등 색다른 모양과 식감을 지닌 식품으로 재탄생한다. 이런 콩과 두부를 활용한 한식 요리와 세계의 이색적인 일품요리, 퓨전요리, 디저트 레시피를 소개한다. 세계적인 관심을 받는 수퍼푸드인 콩과 두부로 만든 특별하고 색다른 요리가 궁금하다면 이 책을 펼쳐 보자!

SOUP수프

저자 김수경 | **페이지** 244쪽
발행 2015년 12월 7일 | **값** 14,800원

고기, 해산물, 채소, 곡물 등을 여러 가지 조합으로 섞어 만든 수프 한 그릇이면 다양한 영양소를 골고루 섭취할 수 있고 소화기관을 자극하지 않아 영양식이나 야식으로도 좋다. 이 책은 크게 '스톡', '수프', '가니쉬' 파트로 나뉘며, 요리 단계별로 쉽게 따라할 수 있게 구성되었다. 또한 수프 활용 요리를 수록해 색다른 요리로 응용할 수 있는 팁을 제시한다.

CAN통조림

저자 김수경 | **페이지** 232쪽
발행 2016년 4월 15일 | **값** 14,800원

가장 많이 애용하는 통조림 19가지를 선별해 우리가 알고 있는 익숙한 레시피뿐만 아니라 동서양의 일품요리를 응용한 델리(deli) 메뉴, 디저트 레시피도 소개하고 있다. 이 책은 '해산물 통조림 요리', '고기&곡물 통조림 요리', '채소&과일 통조림 요리'로 나누어져 있으며, 책 후반부에는 빈 캔을 활용한 인테리어 소품 만드는 법까지 수록되어 있다.

GLOBAL REFRESHING DRINK
FRUIT WINE

FRUIT WINE 술

초판 1쇄 인쇄 2016년 8월 1일
초판 1쇄 발행 2016년 8월 10일

발행인 이웅현
발행처 (주)도서출판 도도

전무 최명희
기획 · 편집 · 교정 박주희
디자인 김진희
제작 손은빈
홍보 · 마케팅 이인택

요리 · 스타일링 김채정 (부어크)
사진 김명훈, 김민우 (반 스튜디오)
요리 어시스턴트 김효원
사진 어시스턴트 김정모

출판등록 제300-2012-212호
주소 서울시 중구 충무로 29 아시아미디어타워 503호
전자우편 dodo7788@hanmail.net
문의 02)739-7656

Copyright ⓒ (주)도서출판 도도

ISBN 979-11-85330-35-8 (13590)
정가 14,800원

이 도서의 국립중앙도서관 출판예정도서목록(CIP)은 서지정보유통지원시스템 홈페이지(http://seoji.nl.go.kr)와
국가자료공동목록시스템(http://www.nl.go.kr/kolisnet)에서 이용하실 수 있습니다.
(CIP제어번호: CIP2016018395)